互联网时代实验室安全管理与实践

— 万李 著 —

吉林大学出版社
·长春·

图书在版编目（CIP）数据

互联网时代实验室安全管理与实践 / 万李著 . — 长
春 : 吉林大学出版社，2020.8
ISBN 978-7-5692-6891-1

Ⅰ．①互… Ⅱ．①万… Ⅲ．①实验室管理—安全管理
Ⅳ．① N33

中国版本图书馆 CIP 数据核字 (2020) 第 152089 号

书　　名：互联网时代实验室安全管理与实践
　　　　　HULIANWANG SHIDAI SHIYANSHI ANQUAN GUANLI YU SHIJIAN

作　　者：万　李　著
策划编辑：邵宇彤
责任编辑：张鸿鹤
责任校对：李潇潇
装帧设计：优盛文化
出版发行：吉林大学出版社
社　　址：长春市人民大街 4059 号
邮政编码：130021
发行电话：0431-89580028/29/21
网　　址：http://www.jlup.com.cn
电子邮箱：jdcbs@jlu.edu.cn
印　　刷：定州启航印刷有限公司
成品尺寸：170mm×240mm　　16 开
印　　张：11.5
字　　数：216 千字
版　　次：2020 年 8 月第 1 版
印　　次：2020 年 8 月第 1 次
书　　号：ISBN 978-7-5692-6891-1
定　　价：59.00 元

前言
preface

对于现代实验室而言，实验室的建设和管理在教学科研等诸多方面发挥着巨大的作用。随着信息时代的到来，实验室的不可替代性、实用性和重要性越来越显著。实验室不仅是高校进行综合素质教育的载体，还属于科研工作从事者进行理论实践的地方。显而易见，实验室的管理与安全责任重大，直接和相关人员的人身以及财产安全紧密相关。

安全是人们追求一切美好生活的出发点，是创造价值和享受美满和谐社会的基石。无论什么原因，一旦实验室管理不规范，安全出了问题，酿成重大事故，直接受害的将是实验室相关人员及他们的家庭，这是谁也不愿看到的结果。

事实上，实验室事故中有很大一部分是人为因素造成的。由于相关人员安全知识的匮乏，一些人存在侥幸心理，实验室安全问题日益突出。科学规范实验工作，将安全管理制度化，可以最大程度保障实验室的安全运行。因此，在充分探索实验室管理与安全的内在规律，总结一些实验室管理与安全的宝贵经验的基础上，本书从安全角度出发，防微杜渐，致力于将实验室安全隐患消弭于萌芽，为实验室的管理与安全提供参考。

本书共分为九章，第一章是实验室安全与安全管理，第二章是实验室安全事故与危险源，第三章是实验室化学品安全基本知识，第四章是实验室电气安全，第五章是实验室安全基本技能，第六章是实验室废弃物处理，第七章是实验室环境与安全管理，第八章是互联网时代实验室网络安全，第九章是互联网时代实验室安全信息化管理。本书注重实践，基本涵盖实验室管理与安全的各个方面，吸收了目前实验室安全管理的最新发展成果，并结合实验室的基本条件提出了符合实际的安全管理策略。

本书可以作为参与教学实验的教师、学生的工具书或培训资料使用，也可以作为科研院所的科研人员以及从事实验室管理的工作人员的参考用书。希望通过本书的出版，可以促进实验室安全管理的进一步完善。

由于时间和精力有限，书中难免存在局限与差错，不足之处敬请广大读者批评指正。

万李

2020 年 4 月

目录
contents

第一章　实验室安全与安全管理

第一节　实验室安全概述

众所周知，实验是探索自然之谜的有效手段，其不仅能够对最终的探索结果开展理性判断，同时，在权威性方面毋庸置疑，因此诸多科学家都曾对实验表述过一致性的认识，即在对一切科学结论予以佐证方面必须借助的方式就是实验。实验与现代科学活动关系密切，而作为科学实验的主要场所，实验室是实现科研教学、社会服务目标的重要基地（如图1-1所示）。这里承载着技术创新和人才培养的历史任务，整个人类社会未来发展走向都在此起航。失去实验室的支持，科学理论永远只能停留在假设上。

图 1-1　实验室

无论是何种实验，只要着手进行，就需要考虑到方方面面的因素，包括实验人员、实验方法以及设施等。所有的隐患和事故也包含在这些因素中，稍有不慎就会酿成实验室事故。一旦事故发生，轻则影响实验进程，重则危害人身财产安全，造成难以估计的损失，后果不堪设想。

出于让实验室的运行始终处于正常状态的考虑，也为了保证获得的实验结果具有更高的准确度，同时，避免实验人员的人身以及相关的财产安全受到侵害和损失，必须在日常展开制度化的安全意识教育，从而加强实验人员的操作规范性；安排专人或者设置专门的岗位来谨慎管理所有实验材料、设施等，在使用中必须坚持相关规定；按照规章制度，严格评估实验的环境、方案等，在最大程度上保障安全。①

实际上，在实验室的运转期间，总是无法完全防止个别事故的发生，通常，引起事故的根源从整体上而言，其一是不安全环境因素，其二是不安全行为。这种划分方法在化学实验室尤为适用。

所谓不安全环境，主要指的是实验室内的仪器设备和配套设施的工作环境和运行状态的不安全，其原因是多方面的，具体可以分为物理环境因素、化学环境因素和生物环境因素等。不同的环境诱因分别指向不同方面的内容，比如物理环境因素主要指向电力环境的不安全、辐射噪声方面的不安全等；化学环境因素主要指易燃易爆等方面的不安全，而生物环境因素则是针对细菌、病毒等方面的不安全等。

针对不安全环境因素，实验室必须在实验室设计、试剂存放、仪器使用、废弃物处理、水电系统、通风系统、消防设备、防污染、防感染等方面提出合理的应对措施，科学地制定安全防范制度调整并及时公布实验室安全级别，妥善保养安全防护用具，要把对安全防护用具的检查做到常态化，争取做到发现与处理相同步。

不安全行为包括个人主体思想麻痹、有侥幸心理、生理上注意力不集中、欠缺必要的安全管理知识与技能等方面。从产生事故的数据来看，有85%～90% 的安全事故是由人的不安全行为所致。②

任何事故都会影响实验室的正常平稳运行，干扰科研活动的有序开展。从辩证的角度来看，实验室事故的原因可以分为直接原因和间接原因两个方面，而不安全行为则属于直接性原因，不安全环境属于间接原因。可以说，实验室安全管理的核心工作就是要杜绝人的主观操作失误所引起的安全事故，所以，为了避免发生实验室事故，为实验室工作的有效开展营造一个安全的工作环境为当务之急。

---

① 敖天其，廖林川．实验室安全与环境保护 [M]．成都：四川大学出版社，2015.01：6.
② 刘友平．实验室管理与安全 [M]．北京：中国医药科技出版社，2014：5.

为防止事故的发生，降低事故危害，实验室应积极行动应对各类危险隐患。针对人的不安全因素，实验室人员不仅需要规范化的管理制度进行约束、认真履行实验室安全操作规程、落实实验室安全责任人，更需要所有实验室相关人员都具备有关实验室安全的知识以及应对危险、防止事故的策略。

所有在实验室工作的人员必须认清责任，当发现实验室存在任何不符合安全管理的倾向时，都应立即坚决予以纠正。在进行实验时，工作人员应提前了解并评估实验风险，与此同时，要做好安全预案，将预防措施真正落到实处。实验室管理者还应定期或不定期对实验人员进行安全主题教育，特别是要面向刚刚进入实验室工作的新手进行重点教育，对实验室安全防范措施要定期演练。

涉及化学品的储存和移动、化学危险品试验、防火防电以及对有毒物品的处理，都应特别注意。实验室安全才是实验室开展一系列工作的大前提，必须对实验室工作人员予以合理的约束与监督，以保障安全管理制度真正落到实处，能够被实验室人员自觉地遵守。实验室管理者更应正确理解安全管理的意义，充分认识安全管理对提升实验室安全水平、降低事故风险的巨大价值，让安全措施得到合理有效的执行，实现实验室安全管理工作的体系化和制度化，从而提高实验室的安全系数，增强实验室抵御风险的能力。

在开展实验活动时，一方面实验人员承担着实验失败的巨大风险，另一方面他们的人身安全、实验室仪器设备的安全也面临威胁。这必须引起相关人员的足够重视。据统计，实验室事故的诱发因素往往存在着共同点：缺乏安全知识，思想上麻痹大意，态度上不够谨慎，不按照安全守则进行规范操作，常常抱着一丝侥幸心理，而没有正视潜在危险。基于此，在实验的准备阶段，就应该清楚掌握实验安全标识，了解实验室安全方面的知识，一切实验操作严格遵守规程进行。无论对实验如何熟练、实验如何简单，都务必小心谨慎，照章办事，这样才能顺利安全完成实验。

实验室不仅是培养人才的摇篮，也是科研成果的产地，其安全与否直接关系到人才培养和科学研究的发展与建设能否顺利进行。[①] 存在安全隐患的实验室环境，必将对教学、科研以及人身安全产生严重影响。大量数据说明，一些重特大事故往往是由于实验人员的疏忽大意造成的。进行实验工作时，人们并非没有发现问题，而是常常对事故征兆心存侥幸，认为"多一事不如少一事"；还有一些情况是实验人员不能认清事故的危害性，没有足够重视。一些人对安全检查采取应付的态度，抓一阵子后就松懈下来，得过且过，一旦发生事故又

---

① 刘建福. 高校化学实验室安全管理存在的问题及其对策 [J]. 广东化工, 2019, 46（13）:226.

后悔不已，顿足捶胸。任何事故的发生必然有其隐患存在，预防事故，保证实验室安全就必须从消除隐患做起，要慎之又慎、时刻警惕、加强管理、查缺补漏，将隐患彻底消除在萌芽状态。只有天天讲安全，才能月月安全、岁岁安全。

居安思危，才能防患于未然。安全管理只有起点，没有终点。越是在实验接近成功的时候，越要保持清醒的头脑，不能以所谓进度牺牲安全管理。时刻以安全为前提，将安全管理放在第一要务的位置上，早发现事故隐患，早做好有针对性的防范工作，防治并重，实现实验室的安全运行和长久稳定。

第二节　实验室安全管理原则和性质

实验室管理与安全是将安全作为基本要素，研究实验过程中各因素的规律，就是要研究实验过程中的消防环境安全、化学安全、生物安全、机械安全等一系列安全问题，对内部人员开展实验室安全教育等安全培训工作，并保持持续的培养，保证实验工作顺利进行，确保实验人员生命及财产安全。[①]

实施实验室安全管理，要根据原则办事。其基本原则是要在理顺管理体制、完善安全制度、深化安全教育的前提下，必须要有计划、有要求、有布置、有检查、有措施，扎实推进，戒骄戒躁，努力做好实验室安全管理各项工作。通过有效管理，确保实验室安全管理落实到每一个安全环节当中。

在实验室安全管理的工作中，一些管理者将安全工作仅限于规章制度上，重视表面文章，理论远大于实践；还有些管理者采用运动式管理模式，经常是等事故发生后才后知后觉，吸取教训并进行整改。以上管理模式在具体实施上往往太过于被动，缺乏主动出击的精神，且具有很大的盲目性。

被动的实验室安全管理模式，从实验室环境、人员、设施方面来说，还往往有着很大的局限性。在处理实验室安全问题上，只注重表面的安全工作，或是凭经验、凭感觉办事，缺乏深入分析，是很难发现事故隐患的，也就无法将隐患消除在萌芽状态。此外，这种管理模式太过于随意，缺乏定性定量的分析和评价。比如，某个实验项目的安全性多大，发生事故的概率是多少，事故的隐患在什么地方，事故发生后造成的影响有多大，如果不能将这些问题在事故发生前做出回答，就会很难预防事故的发生。

---

① 刘友平. 实验室管理与安全 [M]. 北京：中国医药科技出版社，2014：3.

做好实验室安全管理，杜绝事故隐患，应明确实验室安全管理的性质。实验室安全管理的性质大体上分为以下几点。

一、系统性

实验室安全管理具有一定的系统性，这也是实现实验室有效管理的基础。[①]在系统建设中，应从全盘上考虑，将实验室的各个要素全部纳入系统之中，通过统一的规划与优化，实现最优控制。系统性强调系统化分析，建立起能够达成任务目标的若干子系统。实验室安全管理系统与科研管理、财务管理、后勤管理等其他系统形成不同形式的有机联合，同时也能与社会的很多系统产生关联。可以说，构建和优化实验室安全管理系统，对有效开展实验室管理工作，具有非常重要的现实意义。

二、科学性

科学技术是第一生产力，实验室的一项重要社会功能就是推动技术进步。因此，为保障这一社会功能的顺利实现，必须要重视实验室的成果转化。实验室应根据具体情况，以服务社会经济发展为宗旨，将科研成果尽快普及到社会生活当中。为实现这一目标，更应做好安全管理工作，以避免因为事故造成科研工作的停滞，迟缓科研成果的市场转化。此外，大量实验设备闲置也会造成巨大的公共资源浪费。实验室应主动避免这种状况的发生，尝试建立大型精密仪器设备共享机制，并制定科学的收费标准以及效益核算等管理制度，实现优势资源的共享。实验室应牢牢抢占科技制高点，把握住发展机会，优化科学管理机制，实现良性发展。

三、专业性

实验室安全管理工作有其专业内容和自身特色。现代实验室的实验过程采用社会化大生产的模式开展实验，实验人员分工明确，个人岗位职责划分清晰。实验进行期间，不同专业的实验人员共同协作，按照实验技术要求进行合理组织，利用各类仪器设施完成各项实验步骤，最终达到实验目的。这种合作模式一方面提高了工作效率，另一方面也因人员成分复杂而产生事故隐患。实验人

---

① 刘友平. 实验室管理与安全 [M]. 北京：中国医药科技出版社，2014：12.

员应具有处理突发事故的能力，更需要掌握安全专业知识，最终通过专业化的安全管理，使各要素结合起来，避免事故的发生。因此，未来的实验室安全管理工作一定是专业化的管理。

四、长期性

实验室安全管理工作具有不确定性，有着特殊机制，并不以人的主观意志为转移。安全事故的发生，具有很大的随机性和偶然性。当人们认为万事俱备，可以放松警惕时，事故往往接踵而至。安全管理工作也没有固若金汤的说法，只有进行慎而又慎的、长期的安全工作，才能有效降低事故发生的概率，避免事故的发生和扩大化。所以说，实验室安全管理工作是一项艰苦的、细致的、复杂的工作，而这种类型的工作最大的特征就是长期性。只有保持安全管理工作的常态化，将这一工作任务当作一项长期任务来抓，才能保持实验室的安全平稳运行。

五、预防性

安全管理保证了实验室安全平稳运行，防止事故发生。但由于事故风险不可能被彻底消除，只能预防应对。做好预防工作，不仅要进行长期深入的工作，而且要进行科学的安全评价，通过分析了解实验室或实验环节中潜在的危险以及薄弱环节，早发现、早处理。将预防工作放在实验室安全管理的首要位置，可以大大降低实验室安全事故发生的风险，同时提高实验室工作人员的安全防范职业素养，培养工作人员的安全责任意识。

重视实验室建设与安全管理工作，是各级教育主管部门及高校的共识。国家先后出台了多项政策规定，如《高等学校实验室工作规程》《国家教育委员会关于加强高等学校实验室工作的意见》等，对实验室相关工作做出规定，同时也指出要做好实验室安全工作。[①]在保障实验室服务国家、服务社会的前提下，实验室安全工作应从总体出发，全盘考虑，将安全管理内容引申到实验室的基础设施建设、水电气设计、药剂规范化管理等方面。对实验室安全，要进行综合论证；对实验室潜在危险，要进行客观报告。真抓实干，落实安全管理领导责任制，认真履行安全管理工作，加强对实验室工作人员的安全素质教育，加

---

① 邵凯隽,孟军,王世泽,等.高校实验室安全管理常效保障体系的构建[J].实验室研究与探索,2016,35(10):300.

大实验过程中的安全管控力度，通过安全预防和分析评价，建立起符合实验室自身安全特点的管理制度和安全防护体系。

第三节　实验室安全管理注意事项

安全工作是实验室正常运行的必要条件。现代实验室构成复杂，一方面，现代科学实验需要用到大量的化学品，因此实验室储备的化学品种类繁多，一些具有强烈腐蚀性、易燃易爆和有毒甚至剧毒的药剂比较多；另一方面，各种水、电、气设施以及各种实验仪器也比较复杂，容易出现故障。这些问题都需要人们去注意。

实验室安全管理需要注意的事项，简要概括有以下几个方面。

一、人员安全

在进行实验时，实验人员要明确认知自身安全工作的重要性，掌握实验所需仪器设备的性能，采用科学的方法进行实验操作。对于一些无法预期的实验，实验人员应谨慎控制实验规模，如用小剂量药品进行测试，同时也要采取有效防护措施，做好安全防护工作。实验过程中，不得随意改变数据，肆意加大剂量，要严格遵守实验规程，安全至上。

从事危险化学药品实验的相关工作人员，在上岗之前要进行相关安全培训，熟练掌握实验方法和步骤，要在实验中做到全程安全处理。特别是在涉及危险系数较高的化学试验时，要注意遵守国家和行业的有关规定，照章办事，严格开展实验。不得心存侥幸心理，禁止盲目操作。管理部门要树立安全意识，强化对工作人员的安全培训工作，确保工作人员完全掌握各项安全技能，并且要定期或不定期组织安全考核，考核合格的可以上岗，不合格的不得上岗。

二、防火安全

在实验室挑选合适的地方（容易寻找到的地方）配置标准防火用品（如灭火器、沙袋等），实验室管理人员要定期检查防火器材状况，确保防火器材完好可用。实验人员必须知道防火器材的存放地点，知道具体使用方法来应对不同的灭火对象。

不得随意乱接导线，不得在超过电路最大负荷的情况下用电，实验室内杜绝裸露在外的电线接头，不可以拿金属丝替代保险丝使用，不可以在电源开关箱里面放置杂物。对于一些可能诱发火灾的隐患，工作人员要及时进行处理，不可坐视隐患发展演变最终酿成事故，要以高度的责任心去应对火灾风险。

三、设备安全

实验人员要知道水、电、气等设备的开关所在位置，一旦发生意外事故能第一时间找到开关。实验中断或结束，实验人员要认真进行安全检查，在确认安全后才能离开。安全检查的重点是水、电、气以及实验室门窗是否关闭。有些设备不能关闭电源的，如冰箱，也要做好安全检查工作，确保实验室安全。

对设备仪器进行定期维护。根据仪器设备性质的不同，积极开展防火、防热、防潮、防冻、防尘、防震、防磁、防腐蚀、防辐射等有效技术性防护措施。要精心养护实验室设备，及时处置各种故障，避免设备带病作业，保持设备的安全运行。

四、空气安全

空气安全关系到实验室人员的呼吸健康。对此，实验室需要注意做好日常通风工作，保证实验室内空气的清新度。在进行伴随有毒性、强烈刺激性气体释放的实验操作时，应在通风柜中进行，实验人员的头部不得伸入通风柜内，同时配备防毒面具。一旦实验室受到有毒气体污染，要先疏散人员，再全面通风，消除威胁。

五、生物安全

世界各国对生物安全的管理都非常重视，这是因为生物安全关系到人类的健康和生存。实验室对于生物安全要以高度的重视和谨慎开展工作，对实验室可能的生物污染风险要做到有效的预防和高标准的监管，落实防控机制。对于实验本身要定期开展检查和自查活动，对于排查出的问题和隐患要早报告早处理。

因为生物安全实验的重要性，所以任何人不得随意采集、运输和接收重大动物疫病病料，也不能以其他"合法"方式转移重大动物疫病病料，否则将接受法律的制裁。

六、病原微生物安全

根据病原微生物传染能力及危害程度，可以将其划分为四种类别。一是能够给人类或者动物造成极大危害程度的微生物，这其中既包含已发现的微生物，同时也包括未发现的微生物以及已经完全消灭的微生物。二是能够给人类或者动物造成较大危害程度的微生物，这类微生物极易在人与人之间以及人与动物、动物与动物之间进行传播，以此危害层面较广。三是能够给人类或者动物造成危害程度较低，而且传播风险有限的微生物。这里所指的危害程度较低既包括病原微生物本身的危害程度低，同时也包括经过人为干预之后而形成的危害程度低两种类别。四是常规微生物，即不易给人类或者动物造成危害或者疾病的微生物。

对于各种病原微生物的存放与研究工作，要严格按照制度流程进行。对病原微生物样本的使用记录要做到翔实仔细，不能出现谬误。此外，还要建立起规范化的档案制度，档案具体记录各项数据，并由专人负责管理。

对于具有较高危害性的病原微生物样本，实验室内不宜存放或者保存。如果上级部门或者领导要求，也必须由专库或者专柜单独储存。

七、防辐射安全

实验室存在辐射的工作场所必须安装防辐射、防泄漏设施，如防辐射铅门（如图 1-2 所示），以保证放射性同位素和射线装置的使用安全。凡是有放射性物质的设备仪器，以及有辐射源的工作场所入口处，都必须放置辐射警示标志和工作信号，提醒人们注意安全。

图 1-2　防辐射铅门

在涉及相关辐射的实验时，各相关工作人员要注意做好放射防护工作，注意保持职业健康监护常态化并接受个人辐射剂量监管，熟悉放射防护方面的专业知识。工作人员上岗前要在有放射防护资质的单位进行安全培训，培训后进行考核，只有通过考核才能上岗，上岗后还要参加卫生主管部门的定期审查，审查合格者才能够继续从事相关实验工作，不合格者则要继续学习。

八、实验室网络安全

实验室要重视网络、信息安全工作，严防资料泄密。在实验室日常工作中，要加强实验室网络安全的防范措施。对所承担的保密科研项目或实验技术项目的分析测试数据和大型精密仪器设备图纸等信息、资料，必须按保密等级存放，设专人管理，严禁外泄。

第四节　实验室安全责任管理

实验室的安全管理，应建成一项系统的、立体的综合管理体系。该体系由稳定的组织结构、完善的管理制度、健全的安全教育制度以及相应的安全技术和安全条件构成，对防控实验室事故的发生有着极其重要的意义。稳定的组织结构能够保障安全管理体系的良好运行，完善的管理制度能让实验室安全管理工作变得有章可循，健全的安全教育制度能帮助实验人员提高安全意识以及提高实验人员的防范水平，安全技术和安全条件则是安全的保障，是实验室安全工作的技术和物质基础。

由于实验室中化学实验常常伴随着危险，任何时候都不能粗心大意。但在具体工作中，很容易出现一些乱象，比如在管理中存在着主体安全责任不清晰的现象。由于很多实验室的管理制度比较笼统宽泛、流于形式，对实验室的安全责任规范和划分不够细致、不够全面、不够具体，安全责任划分缺乏针对性，在实际管理中无法真正落到实处。还有一些实验室安全责任职能不明确，在具体工作中存在互相推卸责任和安全责任任务交叉的情况，导致实验室安全责任管理效果不理想。

针对上述乱象，要激活安全管理体系中的各级人员，使其发挥出最大功效，应强化安全意识，充分落实制定好的各项规章制度，充分落实岗位责任制，及时处理安全隐患，严格按照责任制进行管理。将安全责任具体落到实处，克服安全工作与己无关的错误思想，能够极大增强全员的工作自觉性和责任感。

安全生产的重要工作之一就是安全生产责任制的制定和执行。建立完善追责制度，能够强化实验室的安全管理工作，从而有效防止事故发生，保障生命财产安全，保障正常的科学研究和教育活动有序进行。在工作上，要保持"以人为本、安全第一、预防为主、综合治理"的工作精神，逐级建立实验室安全责任体系，并保证落实到位。对不能履行职责或管理不善等问题造成事故的，要根据章程对责任人启动追责。

在安全基础设施建设、安全管理体系构建以及安全教育机制真正落到实处的前提下，由主管部门带头签订安全生产责任状也是一条强化安全责任管理模式的有效途径。涉及主管危险品安全工作的相关职能部门与实验室管理部门签订责任状，实验室管理部门与其他部门工作人员签订责任状，落实责任制。根据"谁使用、谁负责；谁主管、谁负责"的工作方针，职能部门以层层责任管理的模式，与实验室管理部门、其他各部门工作人员确立所属职责，真正将实验室运行的安全生产责任制落实到位，让每个环节都有科学严谨的规章制度和责任约束，能够让所有人充分认识到自身在实验室安全管理上所肩负的重要职责。

要将建立和落实安全责任制当作一项常态性和常规性的工作任务来抓，不能够存在任何松懈或者侥幸心理。安全责任制的确立有助于实验室危险化学品的安全管理，但同时也要明确其法律责任。层层签订安全责任状的做法固然很好，能够明确各自的职责，是一个好办法；然而由于没有明确法律责任，一旦不认真履职，也不用承担相应的法律责任。① 因此，实验室安全责任管理，应强调法律责任——若事故发生，轻则追究责任人民事责任或行政责任，重则追究责任人刑事责任。这样一来，实验室管理者和实验人员在工作中会愈加谨慎，尽力避免安全事故发生。厘清责任，让一切有法可依，这也是法治精神的体现。

在落实安全责任的同时，也应将实验室安全管理等方面内容纳入年终绩效考核当中。工作人员岗位评聘、职务晋升、评奖评优的指标与考核结果直接挂钩。鼓励开展安全工作考核和评比活动，对在安全工作中表现出色、成绩优异的部门和个人，经报上级审批后，给予表彰和奖励，并颁发证书，以示鼓励。

---

① 邱彩虹. 对高校实验室安全管理责任制中的"责任"理解 [J]. 科教文汇（上旬刊），2015(11)：124-125，128.

第二章　实验室安全事故与危险源

第一节　事故的隐患、类型和原因

一、实验室事故隐患

隐患一词是指潜在的危险，有发生危险的可能。实验室事故隐患，广义上泛指实验室系统中可能诱发事故产生的风险、人的不安全行为以及管理运行上的重大缺陷。

实质上，事故隐患应该是一种不安全的、有重大缺陷的"异常情况"，这样的情况是能够通过细微的事情表现出来的，如实验人员离开时，没有按照规定关闭电气设备，导致火灾发生；对有毒物品的处理过于随意，导致实验室环境受到了污染，甚至危及实验人员生命安全。也有表现在管理的流程、方法或内容上，如检查不规范、制度不完善、实验设施存在问题、实验人员培训不到位等。

需要指出的是，有些实验室管理者或负责人安全知识严重匮乏，又很少在实验室履职，对实验人员监督力度不够，对于实验室内部所存在的安全隐患又不能及时排查或者处理等，这其实也属于实验室不安全因素的范畴。

实验事故的隐患虽然不易被工作人员马上察觉，但是其也并不会立刻爆发，而是会逐渐积累，直到累积到一定程度之后才会爆发，这一变化过程其实是可控的。对此，工作人员需要加强日常对实验室安全隐患工作的查找与补救工作，做好事前积极防范，才能够将"隐患"真正并长久地掩埋于地下，从而避免危险事故的发生。为达成这一目的，应要求在事故发生前消除事故的萌芽，遏制不安全因素的量变积累，防止质变的发生，做到防患于未然。

常见的实验室事故隐患主要包括以下几种。

（一）硬件隐患

1. 实验室空间不足

实验室过于拥挤的话，很容易造成实验室内部管理混乱。电气线路的布置混乱，各类危险品的无序存放、混放，都容易引起火灾、爆炸等安全事故。一些实验室过于简陋，为了使用更多的实验设备而忽视设备的安全操作距离。由于空间不足，各种仪器摆放过于密集，也无法达到仪器的维护要求，实验室管理人员难以正常维护。还有一些利用教学用房或办公用房改建的实验室，水、电、气以及通风条件较差，也存在着严重的安全隐患。

2. 实验室化学品存储不规范

实验室化学品的存储与实验室的安全直接挂钩。因实验室化学品存储不当而造成的事故，一旦发生，往往就是重特大事故。对于危险化学品，要根据其化学性质（或灭火方式）来进行分类存储，如强酸和强碱、强还原剂和强氧化剂的存放等，就必须严格按照规定进行科学的分类存储。若存储不规范，管理上出现混乱，这些危险化学品在接触后很容易发生化学反应，造成火灾。

3. 实验室水、电、气设施质量问题

有些实验室使用周期长，水管、电线、电源插座、气阀等设施老化，存在质量隐患。如排水设施排放不畅通，疏于养护，容易造成下水道严重堵塞，引发污水溢满倒灌。大功率用电器的使用超过实验室负荷，实验室电路长时间超负荷运行容易出现火灾。运输可燃、有毒气体的钢瓶或管道阀门一旦出现松动，可能会造成人员中毒昏迷，严重的还会引起火灾和爆炸。

4. 实验室基础设施相对薄弱

很多实验室是在原有的旧房基础上改建完成的，基础设施相对薄弱。这不仅指该类实验室的实验设施较为陈旧，而且还包括电力线路老化、安全防火等级较低等安全隐患。[①] 特别是一些年代较为久远的实验室，其建筑材料多为木质或者胶合板等易燃材料，存在极大的安全隐患。当火灾发生后，火势会迅速蔓延到整座建筑物，不利于人员避险，降低了人员的逃生概率。有些实验室消

---

① 亓文涛,靖杨萍,孙淑强,等.高校实验室安全信息化管理体系的构建[J].实验室研究与探索,2015,34(02):295.

防设施配置不足，无法正常使用。有些实验室缺乏应急机制，未配备应急保障系统，当实验中突遇停电、停水等意外因素时，很容易造成设备受损或毁坏。实验室未配置应急医疗箱，一旦实验人员发生烫伤、烧伤、中毒等事故，无法及时进行急救。

5. 实验室"三废"处理不规范

有些实验室没有配置必要的通风设施，对实验中所产生的废气、有毒气体仅采用排气扇通风而未做环保处理，严重危及实验人员健康。实验室产出的有毒物质不进行处理的话，长期积累后会对周边环境造成无法逆转的伤害，同时也严重危及实验人员健康。

（二）软件隐患

1. 实验安全基础工作薄弱

实验安全基础工作薄弱，集中体现在安全规章制度建设与落实、安全监管制度建设与落实、安全信息网络宣传工作、安全隐患检查与风险评估工作、针对突发事故的应急预案建设与改进，安全管理方式研究以及安全技术措施制定与开展等方面不健全、不完善。

2. 实验安全教育意识淡薄

实验安全教育意识淡薄，集中体现在实验人员安全知识欠缺，安全教育培训工作开展不充分。很多人由于缺乏安全知识而对实验室不安全因素认识不足，存在侥幸心理。实验中存在不规范的操作，有较大的随意性，存在安全事故风险，危及实验室安全。提高实验室工作人员的安全意识是有效保证实验安全效果的基础和关键，因为只有工作人员从思想上真正重视安全实验，其才能够在日常的工作行为之中加强安全实验，也才能够将安全预防工作落到实处。[1]

3. 实验人员的安全素质不高

实验人员的安全素质不高，如不具备常规的安全防范知识、不存在安全实验意识、不规范安全实验操作等，这都是极其容易造成实验安全事故的重要诱因。安全素质不高的实验人员，在例行检查中很难发现隐藏的安全隐患，对这些隐患不能做到有效预防。

---

① 吕长平,周凤莺,何喜.高校实验室安全管理体系的现状与对策[J].实验技术与管理,2017,34(02):244.

4. 管理者对安全工作的系统性建设规划不全面

管理者对安全工作的系统性建设没有足够的规划，在实验室安全工作上往往从消防检查入手，很多安全隐患和危险源容易被忽视，对工作人员的安全培训力度不够，对实验室的安全评估不足，实验室在安全管理方面投资不足。发生安全事故时，又没有针对性的安全应急机制和预案响应，进而引发严重后果。

二、实验室事故类型

（一）火灾

火灾相对来说还是比较常见的，具有广泛性，其发生的概率与其他事故相比明显要高一些。

火灾一般表现在以下几个方面：

（1）没有关闭电源，导致仪器设备长时间空转，通电太久温度升高，出现火情。

（2）实验操作不规范，使得易燃物质接触到明火迅速燃烧，酿成火灾。

（3）易燃易爆危险化学品泄漏，与外界氧气混合，遇火爆燃。

（4）电器线路老化、长期超负荷运行导致电线发热，酿成火灾。

（5）各种电气设备的开关、保险丝、接头等位置在电源接通、断开或短路一瞬间出现的电火花，大型机电设备（如电动机等）开动时产生的高压电弧，以及保险丝或导线发生过电流时出现的爆炸火花等，一旦引燃附近易燃易爆物品，火势得不到控制，就会发生火灾。

（6）化学实验有燃烧现象的，或者是一些失控了的某些化学反应，产生的火焰或高热能物质可能会引起大火，如烧过的坩埚。加热工具如酒精灯、电炉等没有关，使得燃料遗出或烧干引起火灾。

（7）有些实验人员的不良行为，也会引起火灾。如在工作中吸烟，未熄灭的烟头引燃实验室中的易燃物质。

（8）实验结束后，插座不拔或总电源不关闭，火灾也可能会发生。

（二）爆炸

爆炸大多出现在储存易燃易爆物品和压力容器的实验室，属于突发性事故。出现这一类事故的直接原因有：

（1）化学药品混合后反应太过激烈而失控，或在加热、摩擦和碰撞时发生爆炸。

（2）实验中使用了不耐压的仪器，在高压或减压实验中出现意外事故。

（3）实验中操作失误引起燃烧，燃烧会产生热量，大量高热能量的突然释放会产生重大危险。

（4）易燃易爆物质在密闭空间内进行高风险的实验操作，一旦发生意外，将酿成重大事故。

（5）一些易爆物质如硝酸盐类在受热或撞击时就会爆炸。

（6）易燃易爆化学试剂残余物处置不合理，发生剧烈的化学反应，引起爆炸。

（7）易燃易爆气体大量逸入空气，达到一定条件后，遇到明火就会爆燃。

（8）使用或制取氢气、一氧化碳、甲烷、乙炔等易燃易爆物质时，附近有明火存在，或者没有在通风橱内进行实验，导致此类气体燃烧爆炸。

（三）化学污染

由于很多化学品具有毒性，所以会对环境造成污染。造成化学污染类事故的行为包括以下几个方面：

（1）很多化学废液收集不当而进入外界，废液中的重金属等有毒物质会污染地下水。

（2）乱扔乱倒化学实验废弃物，不计后果，污染环境。

（3）管理上存在问题，使得有毒物质流出实验室，造成外界污染。

（4）水管阻塞、开裂或年久失修，造成废水泄漏引发污染。

（5）实验室的化学药品和剧毒物质泄漏，导致毒害性事故的突发。

（6）设备老化，保养维护不够，或存在设计缺陷，导致有毒物质泄漏引起人员中毒。

（7）实验室无通风设施，或无废弃化学物收集器。

（8）盛放挥发性化学试剂的容器因密封不佳而挥发泄漏，或进行蒸馏和浓缩操作时没有在通风条件下进行。

（四）机电伤人事故

机电伤人事故往往会在机械实验或力学实验中突然发生。机电设备受冲击运动、带电作业以及高速旋转等因素影响，挤压或碰撞附近的工作人员而造成事故。事故原因有以下几个方面：

（1）实验人员缺少防护措施，或在操作上出现失误，容易受到机电设备伤害。

（2）电气设备故障造成漏电和电弧火花，危及附近人员的安全。

（3）高温高压气体对实验人员的灼烧和冲击。

（4）机电设备工作异常，内部器件在高速旋转中脱离，或铁屑意外飞出，伤害到附近的人员。

（五）仪器设备事故

仪器设备在长期使用中会受到来自各方面风险因素的影响，因此各类事故难以避免，会导致仪器设备损伤、工作性能下降，甚至是伤人事故。仪器设备事故多为人工操作不当所致，也有设备老化、设计缺陷以及外来不可抗拒的突发故障（如突然停电等）造成的。

（六）压力气瓶类事故

（1）压力气瓶在高温高热环境下，或遭到强力撞击，都有可能发生事故。

（2）压力气瓶中的易燃易爆气体进入大气环境，与氧气比例达到某种临界条件后，接触明火而发生事故。

（3）压力气瓶中有毒气体散逸，进入大气，污染周边环境，危及生命安全。

（七）中毒性事故

（1）违反规定将食品带入有毒性的实验室，食品被污染后被人员误食中毒。

（2）接触或使用有毒气体没有在通风装置下进行，导致人体皮肤、呼吸系统被有毒物质侵袭而中毒。

（3）设备设施老化严重，有毒物质逸出或有毒气体排放不畅而造成人员中毒。

（4）有毒实验用品未做处理就排入外界，污染环境，形成慢性中毒。

（八）放射源辐射类事故

（1）短时间大剂量的辐射，会对人体组织造成破坏，导致人体细胞癌变或致癌概率升高，诱发白血病、癌症等疾病，危及生命安全。

（2）长时间小剂量的辐射，可能引起人体细胞癌变，还可能诱发各种慢性疾病，导致人体器官功能丧失。

（3）大量吸入放射性物质，直接导致人体中毒，甚至死亡。

（九）人身伤害类事故

对化学品进行调配时，因处置不当，违反操作流程，造成化学品爆炸或飞溅（如稀释浓硫酸），给实验人员造成重大人身伤害。在一些生成易燃易爆气体的实验项目中，如果工作方法不正确，也可能造成事故的发生，致使实验人员烧伤和烫伤。

三、事故原因

根据实验室事故原因调查统计分析，实验室发生事故的常见因素包括以下几个方面。

（一）强氧化剂使用

强氧化性物质受到加热或撞击而分解释放氧气与可燃性物质发生剧烈燃烧，如高锰酸钾类、过氧化物等，一些化学品遇到水发生剧烈反应，如金属钠、碳化钙（电石）等，可能还会爆炸。例如，二氯甲烷处理含有过氧化氢的体系时，体系中有气体产生，并迅速升温后发生意外爆炸。2003 年 6 月 12 日，某高校一实验室发生安全事故，实验人员在进行碳纤维实验时，反应气体突然发生泄漏并爆炸，导致人员受伤（如图 2-1 所示）。

图 2-1　实验室爆炸事故

（二）冰箱爆炸起火

很多化学危险物品和药品都会被放入冰箱内"安全"保存，而其所释放出来的可燃气体也就与冰箱内的空气相融合，从而形成一种具有较大危害性的危险气体。由于冰箱电源自动切换，容易产生电火花，引爆冰箱内的爆炸性混合气体，造成重大安全事故和巨大财产损失。早在 2006 年就曾在某高校实验室内发生过一起冰箱爆炸事件，幸好当时实验室无人，未造成人员伤亡。后查明该冰箱内共存放了 17 种不同的有机试剂，因一部分试剂渗漏而导致大量高浓度易燃易爆气体在冰箱内积存。当冰箱温控启动时，瞬间产生了电火花，爆炸就发生了。

（三）错误使用药品

用错药品属于人为因素造成的安全事故，而且该类情况的发生多数是因为人的疏忽大意造成的，所以该类安全事故最不易引发人的警觉性，因此其所造成的后果往往也是较为严重的。这类事故是由于在准备实验药品时操作失误或者未仔细核对试剂名，错误使用造成的。还有一些配制好的试剂或用剩的试剂装瓶后不贴标签，或标签字迹不清楚，时间长了因为忘记而搞错试剂，引发不安全事故。

（四）违反实验室操作规程

在使用火、电和危险品的实验中，如果违反规定进行操作，也会引起火灾。特别是不按操作规程进行实验极易发生火灾事故，如用 30g 四氢铝锂在氮气保护下加入重蒸四氢呋喃（THF）过程中起火，事故原因有三点：单锅投料量过大；加入速度过快；氮气未将装置中的空气充分置换干净。

（五）反应失控

所谓反应失控，指的是化学反应超出了实验操作人员的控制能力以及控制范围，这主要是针对硝化、氧化、聚合等放热反应而言。当化学反应在某密闭容器内进行时，一旦发生反应失控，其反应所释放出来的热量就会加速凝聚，容器内壁所承受的温度以及压力都会在短时间内骤增。当反应所释放的压力超出容器内壁的压力承载力时，就会发生破裂，而化学反应物也会随之喷射而出，由此造成更大程度的火灾爆炸。反应失控还与物料中的危险杂质有关，出现反应速度紊乱，造成实验室安全事故。

（六）反应容器内形成爆炸性混合物

这里的爆炸性混合物主要是由化学实验容器内各类气体原料的配比不均衡导致，这既与实验前反应容器内各类化学物质的混合配比相关，同时又与化学反应过程中易燃以及可燃气体的置换程度相关。例如，曾经有实验人员在 2 个 100mL 封管中，用液氨在 120℃ 温度下做两个氨解平行反应，由于饱和蒸汽压过高，两个封管同时爆炸，导致通风橱玻璃被炸碎。

（七）不相容物质混合

在实验室化学反应中，使用过量的反应物质或不正确的实验方法进行实验，往往会出现事故。具体原因可能是由于观察不到反应现象，或不了解物质的反应特性。例如，有人用试管进行丙酮与过氧化氢的氧化反应，将析出的沉淀物倒入经氧化试验后以清水冲洗过的试管内，再以本生灯加热，可能由于试管未清洗干净，试管中突然冒出大量白烟，随即发生爆炸，玻璃碎片四溅，导致其左手、胸部、面部等多处被割伤。

（八）实验不小心或不知道化学品的特性

不小心或不知道化学药品的化学反应特性，也会导致爆炸事故。例如，在用三氯氧磷做氯代反应时滴加三氯氧磷过程中，如果未能够掌握好三氯氧磷的滴加温度以及滴加速度，则极有可能会加重该反应的剧烈程度，最终导致爆炸事故的发生。做完重氮甲烷后，一般会用稀释过的酸去处理剩余的重氮甲烷，但有人却异想天开使用了浓盐酸，结果就会发生剧烈的爆炸反应。在进行萃取实验的时候，未发现分液漏斗有一个裂痕，进行摇动时，溶液顺着桌面流入插座内部，引起电源短路，造成实验室停电。

一旦实验室事故发生，首当其冲的肯定是实验区域，受到伤害最大的肯定是实验室内现场的工作人员。因此，不建议将易燃易爆气体置于实验区域，同时对存放易燃易爆气体的区域进行防爆、隔爆、泄爆处理，从而降低爆炸以及火灾对实验室工作人员的威胁。

（九）插头与插座虚接

插头与插座虚接属于电力使用不当，易引发安全实验事故。这里的虚接包含多种情况，如因为插头与插座连接不牢固而使得插座发热，继而发生火灾事故，或者因为插销板与插座的限定电流不匹配而导致的插座发热，进而导致火灾事故的发生等，均属于插头与插座虚接导致的安全事故。因此，在开展化学实验时，要注意做好插头与插座的连接工作和匹配工作，从而保证化学实验的安全进行。

（十）不当处理废液

实验中将氰化氢废液倒入含次氯酸钠的碱溶液中，导致废液瓶爆炸，或者将含有金属钠的反应物与水接触，也会发生爆炸，这主要是由于两种容易发生化学反应的物质发生了接触，从而引发的爆炸。类似的化学反应废液处理方式还有很多，而且也未必都会发生爆炸，如用正己烷处理过量的氢化钠后加入少量水，之后将其倒入碱缸的瞬间发生起火，其主要原因是氢化钠没有完全破坏，遇水打火，同时引起碱缸中的乙醇发生着火。此外，还有回收待用的二氯亚砜长久放置后，也会产生爆裂。

（十一）人为的失误

例如一些物品放在烘箱中，烘干后忘记取出，由于时间过长，引起燃烧。烘箱内烘可燃、易燃、易挥发性物质，发生燃烧事故。湿手接触电源和用电器等，容易发生触电。使用仪器设备后，忘记关闭灯源，仪器的紫外灯或荧光灯等长期开着，或灯源部件处通风散热不佳，造成事故。减压操作没有根据物质性质，选用合适的减压系统控制条件，或没有开冷凝系统，导致物料暴沸或冲料，造成事故。易燃液体的蒸馏和回流，用明火加热。电烙铁用后忘记拔去电源，放在实验桌上或者随意放在橡胶、塑料、木制品等物品上，时间过长导致起火等。例如，有人在使用油浴做过夜反应时，油浴传感器忘记放入油浴导致温度失控而发生着火。实验室经常用水泵抽有机试剂，但水泵换水不及时，水泵中就会累积大量有机气体，一旦水泵开关处发生短路时打火，容易引发火灾事故。

（十二）不正规的仪器操作

不正规的仪器操作实际上属于人为失误操作，只是将发生实验危险或者安全事故的对象指向了操作仪器方面。具体因为不正规的仪器操作引发的实验事故类型多种多样，如消毒过程中，工作人员离场；烧杯在燃烧过程中发生倾斜；反应容器内的液体流出等。此外，不正规的仪器操作还包括仪器自身存在的质量问题等。因此，在进行化学实验操作之前，除了要做好化学反应材料的检查准备工作之外，还要针对化学反应仪器进行检查。

分析以上实验室事故发生的原因，事故大多与危险化学品有关。深入探究实验室危险化学品相关事故的原因，主要是实验室管理本身存在漏洞和实验室安全知识缺乏。因此，实验室人员必须加强这些方面的管理和学习，强化安全实验意识，避免因人为原因导致实验室发生各类事故。

第二节 实验室危险源分类

一、实验室危险源概述

实验室危险源指的是造成各类实验危险事故发生的源头。由于各类实验室的工作性质不同，危险源存在的形式也有所不同。但是，通过对各类实验室危险源在不同实验阶段所发挥的不同作用，可以对其进行一定的类别划分。一般而言，可以将实验室危险源划分为以下两大类。

（一）第一类危险源

从物理角度出发，伤亡事故的发生是由于能量或者危险物质的意外释放引起的。由此，可以将这些可能发生意外释放的危险物质划分为第一类危险源。

针对第一类危险源实验事故的预防，应果断采取有效措施，限制和约束能量或危险物质，将危险源置于可控范围之内。

（二）第二类危险源

一般而言，生产过程中的能量是不会轻易得到释放的，否则该生产过程也不可能如此设计并开展。在具体设定某个生产过程时，首先需要对其中的危险性加以规避或者克制，否则极易酿成事故。但是这并不代表危险性得到有效的预防或者控制之后就不会发生事故，当因为某些原因使这些预防或者控制举措失去效用时，就有可能会引发危险事故。

第二类危险源主要包括三种类型。一是物的故障。所谓物的故障，指的是因为长时间的使用，各种仪器、配件等自身的性能有一定程度的下降，从而不能够达到预期使用效果的一种故障。当然，导致物的故障的原因并不是单方面的，如因为物的自身设计缺陷/使用不当等也是导致物的故障的重要原因。二是人为失误。人为失误主要是因为人的不当操作引起的，这一类失误类型最为常见。造成人为失误的原因有很多种，如技术水平方面的欠缺、知识储备的不足、心理的紧张、经验的缺乏等，均可能会造成人为操作失误，由此也就会直接或者间接性地导致实验室事故的发生。三是环境因素。物和人所处的环境，如实验室的温度、湿度、噪声、通风和照明等方面出现问题，对物的故障和人的失误也有直接的影响，是不可忽视的因素。

综上所述，实验室事故的发生，往往是由两类危险源共同作用的结果。两类危险源之间有着密切的联系，存在着一定的规律。一般来讲，第一类危险源是实验室事故发生的能量主体，与事故的危害程度关系密切。第二类危险源是第一类危险源造成事故的必要条件，与事故发生的可能性有着很大关联。因此，在危险源辨识上，首先要辨识第一类危险源，然后再辨识第二类危险源。

此外，还可以从其他广义的角度对危险源进行分类，由于篇幅过长，这里不再一一赘述。

二、常见的实验室危险源因素

（一）物理性危险源因素

（1）设备、设施缺陷（强度不够、刚度不够、稳定性差、密封不良、应力集中、外形缺陷、外露运动件、制动器缺陷、控制器缺陷、设备设施及其他缺陷）。

（2）防护缺陷（无防护、防护装置和设施缺陷、防护不当、支撑不当、防护距离不够及其他防护缺陷）。

（3）电危害（带电部位裸露、漏电、雷电、静电、电火花及其他电危害）。

（4）噪声危害（机械性噪声、电磁性噪声、流体动力性噪声及其他噪声）。

（5）振动危害（机械性振动、电磁性振动、流体动力性振动及其他振动）。

（6）电磁辐射（电离辐射：X射线、质子、中子、高能电子束等；非电离辐射：紫外线、激光、射频辐射、超高压电场）。

（7）电气危险源（短路、接触不良、断路、绝缘不良、严重过载、铁芯过热、散热失效、接地及漏电）。

（8）机械伤害（机械设备运动或静止部件、工具、加工件直接与人体接触引起的夹击、碰撞、剪切、卷入、绞、碾、割、刺等伤害；飞散物的冲击，掉落物、倒塌物的撞击，气锤的冲击，制动器的摩擦等）。

（9）机械危险源（机械设备维护保养不善，操作不当，缺少防护，零部件磨损老化等引起机械故障。如机械挤压、甩脱、失控等；电动机、接触器被卡死，电流增加数倍，可产生危险温度）。

（10）热能源（光线、紫外线和红外线有很高的热效应；玻璃瓶、金色缸、橱窗等的聚焦作用能产生很高的温度；电烙铁、高频感应加热炉、烘箱、电焊机等）。

（11）明火（打火机、火柴和烟头、酒精灯、喷灯、电炉、燃油炉、燃气炉、焊接与切割等均能产生明火）。

（12）其他因素造成的危害。

（二）化学性危险源因素

（1）易燃易爆性物质。

（2）自燃性物质。

（3）有毒物质。

（4）腐蚀性物质。

（5）化学试剂混放、泄露。

（6）易燃易爆物品放在火源附近。

（7）可伤害眼睛的物质或试剂。

（8）可通过皮肤接触和吸收而造成伤害的物质。

（9）可通过摄入（如通过口腔进入体内）造成伤害的有毒物质。

（10）自燃发热及化学反应热（包括氧化反应发热，如油浸物自燃发热、煤自燃发热）、氧化反应发热、发酵发热等。

（三）环境性危险源因素

（1）操作环境不良（如不合理的实验室内部结构、安全通道隐患、采光差、强光干扰、通风效果差、含氧量低、空气浑浊、给/排水能力差、电路老化和超负荷运行、温差巨大、下水道的不畅通等危险源）。

（2）排气、防毒设施不完善。

（3）实验室拥挤，达不到必要的实验操作空间。

（4）与各种操作相关的装置、机械的危险源。

（5）停水、停电等突发性不可抗拒因素。

（6）由于热环境问题引起的不适，如过热、高温。

（7）易滑、坑洼的地面，场地较差。

（8）试剂没有足够的存放空间和通风设施不良。

（四）人为性危险源因素

（1）实验操作不规范、违章操作或粗心大意。

（2）有毒试剂、易燃易爆试剂未在通风柜中操作。

（3）易燃易爆气瓶操作不规范。

（4）残余有机试剂、瓶乱丢乱放，有毒试剂不规范管理。

（5）对反应及操作的认识不够充分，任意调整实验规模。

（6）缺乏安全意识，在实验中存在多种事故风险因素。

（7）反应条件过于严酷，没能设置必要的安全防护。

（8）使用不安全装置的设备或裂缝容器。

（9）实验操作意外断电、断水，遗忘切断电源和水源。

（10）知觉能力缺陷，判断失误。

（11）安全制度不健全。

（12）安全教育不够，安全意识、安全知识、安全技能掌握不够。

（五）生物性危险源因素

（1）致病微生物（细菌、病毒、其他致病微生物）。

（2）传染病媒介物。

（3）致害动物。

（4）致害植物。

（5）其他生物性危险、危害因素。

（六）心理、生理性危险源因素

（1）负荷超限（体力负荷超限、听力负荷超限、视力负荷超限、其他负荷超限）。

（2）健康状况异常。

（3）从事禁忌作业。

（4）心理异常（情绪异常、冒险心理、过度紧张、其他心理异常）。

（5）辨识功能缺陷（感知延迟、辨识错误、其他辨识功能缺陷）。

（6）其他心理、生理性危险危害因素。

（七）行为性危险源因素

（1）指挥错误（指挥失误、违章指挥、其他指挥错误）。

（2）操作失误（误操作、违章作业、其他操作失误）。

（3）监护失误。

（4）其他错误。

（5）其他行为性危险和有害因素。

（八）其他危险源因素

（1）搬举重物。

（2）操作空间。

（3）工具不合适。

（4）标识不清。

第三节　危险源控制

一、危险源的控制

在实际生产、生活中，人类要让自身免受各种意外伤害，就必须尽力去控制住危险源，才能减少甚至彻底消除危险。然而，危险无处不在，并不以人的意志而转移。没有绝对的安全，只有相对的安全。同时，人类努力消弭危险的同时，也在付出巨大的代价。因此，有必要进行安全管理，对危险源进行控制。

正所谓"无规矩不成方圆"，实验室内各项工作的正常有效开展必然需要建立与之相匹配的规章制度，以更好地实现对实验室危险源的有效控制。[1]

关于危险源的控制，一般需要从以下三个方面展开。首先是技术控制。所谓技术控制，指的是通过一定的技术手段，对一些固定存在的危险源进行有效监管，以达到对其进行有效控制的目的和效果。其次是人的行为控制。因为人为失误是造成实验室危险事故的重要诱因，所以需要加强日常对人的行为的控制，以更好地规避人为失误操作。具体而言，就是要通过加强对人的实验操作行为的控制实现对危险源的有效控制。关于人为失误的表现有多种存在形式，如人的无意识操作、错用实验原材料或者错用实验设备、违规操作、防护失当等。对此就需要从加强对人的安全思想培训、技术培训以及安全操作培训等方面入手，从而实现对危险源的有效控制。最后是管理控制。所谓管理控制，即通过一定的管理手段，实现对危险源的有效控制。具体而言，第一，可以建立危险源管理制度。建立危险源管理制度的目的是提高工作人员对相应危险物的认识，将这种存在与意识层面的危险源管理与操作常态化，从而深入渗透到工作人员的日常操作行为之中。但是，关于实验室危险源规章制度的建立不能采用日常

---

[1]　代金玲,张胜利.浅谈高校实验室的安全管理[J].高校实验室工作研究,2017(03):82.

条文式的方式进行设定，而是要增加相应规章内容的趣味性，以提升工作人员对危险源管理规章制度学习的兴趣，从而加深其对相应规章内容的认识和掌握程度。第二，通过权责划分责任制的方式，对危险源进行定期检查。针对不同方面、不同类别的危险源，分别设定不同的危险源控制责任人，这既能够实现对危险源的统一管理与控制，同时又能够明确责任权限，提高相关责任人的管理意识。对相关危险源的检查工作，不能仅由相关负责人自行检查，因为这样极其容易助长相关责任人的麻痹意识，反而不利于实现对危险源的有效控制与管理。对此，除了安排相应的负责人自行检查之外，还需要不定期地安排领导或者其他部门检查或者抽查，以提升对实验室危险源的控制等级，从而更好地实现对危险源的有效管理。针对检查过程中所发现的安全隐患，要及时予以记录并清除，同时还要查明原因，才能够在后续的管理工作中予以规避。鉴于实验室安全管理的重要性，实验室除了安排常规的定期检查之外，还需要定期安排专业的技术人员对现场进行安全排查，从更加专业与细致的角度实现其对危险源的有效管理与控制。第三，加强对危险源的日常管理工作。要求工作人员严格按照实验室安全管理规章制度开展危险源的查找和管理工作，并且做好相关各项实验设备的工作状态登记，及时检查，及时发现问题，并且及时解决问题。第四，做好信息反馈工作。做好信息反馈工作是保证实验室安全管理工作有效开展的基础。因为安全隐患需要根据日常的检查进行发掘，发掘之后才能够进行后续的整改工作。因此，实验室安全隐患信息反馈工作务必要做实做细。具体而言，工作人员除了需要做好日常隐患排查工作之外，其还需要将常规隐患以及重大隐患进行记录，并且及时向领导部门汇报。同时，将隐患的发掘与解决相衔接，建立一定的考核机制，保证发掘安全隐患之后的整改工作能够快速落实到位，而且还要对隐患的整改结果进行检查，以实现对危险源的控制、管理和改进。第五是做好相关危险源控制管理建设工作。关于危险源的控制管理，不仅要从制度层面以及检查层面进行加强，同时还要建立一定的安全源档案，并设立一定的安全管理标识，以发挥警示作用。如针对高压电缆、高辐射等危险区域，工作人员就应当树立安全指示牌，并且表明危险等级，以更好地发挥其防范作用。第六是做好危险源控制管理评价工作。正如前文所述，需要将危险源的管理工作责任到人。为了更好地鼓励和促进工作人员对实验室危险源的管理与控制，需要对具体工作人员的危险源安全管理工作进行评价，并予以奖惩，如此才能不断提升工作人员危险源的控制管理水平，更好地做好实验室危险源的管理与控制工作。

二、重大危险源控制

实现对重大危险源的控制，不但要做好对重大事故的预防工作，而且要在事故发生时能够将事故危害程度降到最低。一般情况下，重大危险源往往涉及易燃易爆和有毒物质，如果这些物质在生产、加工、储存和使用过程中超标，则存在安全隐患。因此，鉴于实验工作的复杂性和艰巨性，在控制重大危险源的问题上，应采用系统工程的方法和策略。

重大危险源控制系统一般包含若干个子系统，其中包括重大危险源的辨识、重大危险源的评价、重大危险源的管理、重大危险源的安全报告、应急计划和重大危险源的监管等重要组成部分。

重大危险源的辨识指的是辨识或确认高危险性的危险源，这也是实验室重大事故预防工作的开始。正所谓"工欲善其事，必先利其器"，利其器的目的是善其事，但是需要先知道善的是什么事，才可以明确自己利何器。针对重大危险源的防治工作亦是如此，想要实现对重大危险源的防控，首先就应当知道什么是重大危险源，否则其防控工作也就无从谈起。具体而言，根据不同危险物所造成的危害程度的不同，可以将其划分为不同的等级。当然，这部分工作已经由相关政府部门界定完毕，具体工作人员仅需按照既定的标准对危险物进行清晰划分即可。在做好重大危险源的辨识工作之后，即是开展与落实重大危险源的管理工作。首先，根据重大危险源的危害方式，分别对其制定不同的安全管理内容，以实现对重大危险源的精准管理。其次，通过技术手段以及组织管理手段，加强对重大危险源的管理与控制工作，保证重大危险源管控工作的有效开展。

安全报告是针对重大危险源进行阐述、评价与说明的有效管理材料，相关单位需要按时向政府部门递交已经识别并完成评价的重大危险源安全报告，及时跟进重大危险源的检查与审查工作，及时根据重大危险源的发展变化以及新知识、新技术的发展进行实时的改进与创新，更加准确地汇报重大危险源的实际状态。

重大危险事故的发生往往是不可预知的，这就需要制订一定的应急计划，以备不时之需。具体而言，主管部门应当确保向可能受事故影响的有关人员发送有关事故发生时采取的安全措施和正确做法的信息，并使有关人员熟练掌握不同重大事故发生时的安全反应举措，以实现有效应对。同时，当突发重大安全事故时，要及时报警，请求警方协助。应急计划宣传材料应适时修订和重新分发。

重大危险源的监管应由主管部门外派经过系统培训的、技术过硬的合格人员担任，定期对重大危险源进行监督、调查、评价和咨询。

三、危险源监控体系

在 ISO 45001:2018《职业健康安全管理体系要求及使用指南》中，明确提出了危险源辨识、风险评价和控制措施策划的具体要求。正确理解和执行这一文件，对防范和降低风险，保障职业健康安全管理体系有效运行具有重要意义。

虽然危险源的辨识工作已经在政府部门的指导下做好明确划分，但是依然存在诸多认证机构忽视危险源的辨识现状，唯经验论，严重脱离实际；或是寻得一份类似机构的危险源清单，在系统修复后当作危险源清单。结果表明，对危险源的辨识不够充分，不可能反映出系统的危险源真实特点。如去实验室现场查看试剂柜中有易爆物品乙醚存放和相关的警示标识，而在实验室危险源清单上却未列入；有的实验室有危险源化学品清单，但没有禁忌的化学品相互混放的危险源清单；实验室危险品旁没有存放警示标识；有毒有害试剂不在通风柜中操作；剩余强氧化性试剂长期放置实验室不用。

对于这一类问题，可以采用以下几种办法解决：

其一，采用自下而上、上下结合的方式进行危险源辨识工作。工作人员积极主动排查隐患并发现问题，不仅可以进一步深化对危险源辨识工作的认识，而且可以通过辨识对广大实验室人员进行培训和教育，为安全、规范化操作奠定了良好的基础。

其二，在危险源辨识前，要根据标准危险源辨识条款的要求，制定出一套切实可行的、可作为指导依据的工作程序。

其三，根据一定的方式或者流程，有序开展危险源辨识工作，这样不仅能够有效规避各类危险源，而且还不容易出现缺漏。在对危险源进行辨识时，要注意辨识的全面性，既要针对正常情况下的危险源进行辨识，同时也要针对非正常情况下的危险源进行辨识。

其四，在对危险源进行辨识时，不仅要注重危险源可能存在的安全隐患，同时还要注意其对人体所造成的伤害，比如噪声、辐射等危险源同样不容忽视。

其五，关于危险源的辨识范围不要拘泥于辨识系统，而是要对辨识系统整体可能存在的风险因素进行识别。

其六，在进行危险源辨识工作时，要注意辨识方法的多元化，不能仅采用单一的辨识方法。

目前，我国许多实验室开展了危险源点分类管理，取得了良好的效果。相比之下，一些实验室在危险源控制管理方面的工作实施得还不是很多，因此，搞好实验室安全工作，必须重视危险源控制管理方面的工作。

第三章 实验室化学品安全基本知识

第一节 实验室化学品概述

一、化学品与危险化学品简介

化学品在当今社会中的应用层面以及领域越来越广泛，可以说，无论是人们的日常饮食、穿衣，还是住房、出行等，化学品分别发挥着直接或者间接性的作用。因此，每年的化学品生产数量以及生产种类均处于快速发展的状态。与此同时，化学品在生产、存储、运输、使用和废弃等不同环节的安全问题日益显著，对人类健康和环境构成了真正的威胁。

实验室内开展各项实验操作时，难免会应用到不同类型的化学试剂，这些试剂中有的具有较大的危害性，如强氧化剂、强还原剂等，从而使得实验操作的危险系数有所提升。当然，具体的实验流程不仅不会将其危险性诱发出来，反而还会通过一定的方法将其危险性进行抑制。但是，受实验个人或者外界因素的干扰，导致实验操作出现疏忽或者大意时，就有可能将这些危险试剂的危害性引发，从而导致各类危险事故的发生。该类具有高危险性的化学物品统称为危险化学品。

化学药品是化学实验室进行教学科研活动的主要适用对象，也是实验室的重要危险源，实验室化学药品所带来的安全隐患、健康危害以及环境污染问题变得日益突出。①

---

① 刘建福. 高校化学实验室安全管理存在的问题及其对策 [J]. 广东化工 ,2019,46(13):226.

化学品的危险程度取决于储存和加工材料的性质、使用的设备以及所属的环境和工艺。实验室的化学安全性取决于物理化学性质和物理化学反应机理。因此，对化学品进行安全管理，必须先了解危险化学品的概况。

由于化学品的高危险性，因此无论在其生产使用过程中，还是在其运输以及废液处理过程中，均有可能引发危险事故。危险化学品多种多样，而且各自的危险性能又均不相同。所以，在具体的使用过程中，一旦出现操作不当，如受热、振动、摩擦、冲击、着火、阳光照射、遇水受潮、温度变化等，或在外界因素的影响下与其他物品发生自然冲突，易导致燃烧、爆炸、腐蚀等严重烧伤、中毒事故。

二、化学品分类及标记全球协调制度

人类每天都面临危险的产品（化学品、农药等）。面对这种危险，需根据化学品和全球贸易的现实需要制定国家计划，以确保它们的安全使用、运输和处置。公认的国际协调方法分类和标签为这些项目提供了基础。如果各国对其进口或在本国生产的化学品拥有一致和适当的资料，就可以全面建立控制化学品接触和保护人民和环境的基础。

当前针对危险化学品的分类，普遍是按照联合国所设定的统一标准进行。联合国早在20世纪初就已经对危险化学品的分类这一问题进行研究，在会议中，大会针对各国不同的危险化学品标识进行统一，这样既能够对危险化学品进行有效的规范，同时也能够减少世界各国之间存在的贸易障碍。在20世纪末，危险货物运输和全球化学品统一分类和标签制度专家委员会成立，并在其第一届会议上，核准了《全球化学统一分类和标签制度》（*Globally Harmonized System of Classification*，简称GHS，又称紫皮书）文件，其中对多类化学品的鉴别指标和使用方法进行了详细说明，这也为全球统一实施GHS系统打下基础。

GHS解决了化学品按危害类型分类的问题，并提出了包括标签和安全数据表在内的协调危害信息元素。它的目的是确保提供关于化学品的物理危害和毒性的资料，以便在处理、运输和使用这些化学品时加强对人类健康和环境的保护。全球化学品安全体系还为协调国家、区域和世界范围的化学品规则和条例提供了基础，这也是贸易便利化的一个重要因素。

GHS文件每两年会根据需要进行更新、修订和改进，并在实施过程中积累了经验。例如，在第二届专家委员会上就对第一届所设定的GHS文件进行了修改，目前的最新版是第八修订版（GHS Rev.8），于 2019 年出版。

GHS 在中国得到了积极响应。我国质量技术监督局和国家标准化管理委员会在 GHS 文件的指导下，对危险化学品进行了细致的分类，从大的方向说一共分为 27 个类别，其中各个类别之中又分别包含着不同的小类别，共计 98 个。此外，我国还针对化学品分类进行了强制性的规定，共计 26 条，这些规定也是参考 GHS 完成的。

第二节　实验室化学品的分类

实验室化学品现在已经有几千种常见的类型，各有不同的性质，并且在实验中得到广泛使用。因为大多数实验室化学物质是带有风险的，它们有燃烧、爆炸或中毒的潜在威胁，人们对其重视程度也更高一些，所以在这里主要讨论危险化学品的分类。关于危险化学品的分类标准多种多样，下面逐一进行介绍。

一、爆炸品

（一）爆炸品的定义

爆炸品指的是能够产生一定爆炸效果的制品，如炸药等。爆炸品内所包含的均为易燃易爆物质，这些物质在受到外界力的作用下或者在相关导引装置的引发下，便能够在相对较短的时间内积聚相对较大的能力，从而对爆炸品的容器装置形成较大的压力作用，最终形成爆炸反应，而且这种爆炸还会对周边的环境造成强烈的破坏。此外，爆炸品的具体类型多种多样，除了上述具有较大危害性的爆炸反应类型之外，还包括燃烧类、抛射类的轻微爆炸品以及发热、发光等烟火制品。

爆炸品的标识如图 3-1 所示。

图 3-1 爆炸品的标识

（二）爆炸品分项

根据爆炸品最终所呈现的爆炸效果，可以将爆炸品进行如下分类。

1. 有整体爆炸危险的物质和物品

所谓整体爆炸，指的是爆炸品整体爆炸或者全部爆炸，这一类爆炸品所造成的危害效应最大，主要应用于爆破、开矿、战争等。从爆炸燃料角度出发，爆炸品内所包含的爆炸物质主要为 TNT（2,4,6- 三硝基甲苯）、黑火药、硝化甘油等。当然，不同爆炸物质所造成的爆炸效果又是有所区别的，因此在爆炸品的实际应用中，又应当根据应用环境以及应用目的的不同，分别进行不同的爆炸物质组合设计以及不同剂量的组合配比，从而更好地发挥整体爆炸品的实际作用。

2. 有迸射危险但无整体爆炸危险的物质和物品

无整体爆炸指的是爆炸品并未全部爆裂开来，而是只有一部分实现爆炸，同时伴有一定的物质迸射出来。这一类爆炸物质在军事方面应用较多，如火箭弹头、炸弹、燃烧弹、毒气弹等。除军事应用之外，此类爆炸物质还可以应用于民生领域，如闪光粉、民用火箭等。

3. 具有燃烧危险和局部爆炸或局部迸射危险，或两者兼有，但无整体爆炸危险的物质和物品

这一类爆炸物质虽然形式多样，如燃烧、局部爆炸、迸射等，但是其所造成的危害性则要小很多，其组成成分一般为三基火药、无烟火药等。

4. 不呈现重大危险的爆炸物质和物品

这一类爆炸物质主要是从爆炸所造成的影响范围角度而言，其爆炸或者发生在爆炸容器内部，或者发生在爆炸品局部，但是对爆炸品本身并不造成重大危害，同时更不会对周边环境造成较大的影响。这类爆炸物质还可能会伴有一定的碎片射出，但是辐射范围不会太大，相对较为安全。

5. 有整体爆炸危险的、非常不敏感的爆炸物质

这类爆炸物质的安全性相对较高，并不会轻易发生爆炸，或者说其爆炸与否和外界环境的干扰相关性不大。只有通过对其所设定的引爆装置才能够有效引发爆炸，但是这并不能说明该类物质的爆炸影响范围小，只能说明其安全系数相对较高。这类爆炸品一般应用于爆破方面。

6. 无整体爆炸危险的极端不敏感的物品

该类爆炸物主要是由极端不敏感的爆炸物质组成，其意外发生爆炸的概率极低，相比于上述的第五种爆炸品，其安全系数更高。

（三）爆炸品的特性

1. 强爆炸性

强爆炸性主要指的是爆炸品的化学性能稳定性，这一类爆炸物质能够在短时间内产生较大程度的热量和压力，并且能够产生较大强度的整体破坏力，因此其化学性能极不稳定。而且，在强爆炸性的作用下，爆炸品还会伴随着爆炸而产生大量的气体和烟雾，其对周边环境所形成的破坏也是多方面的。

2. 高敏感度

高敏感度主要指的是爆炸品极易受到周边环境的刺激而引发爆炸，如周边环境的温度、撞击、摩擦、压力等均有可能成为引发爆炸品发生爆炸的导火线。

3. 对氧无依赖性

对氧的无依赖性主要指爆炸品的爆炸不需要从外界补充氧气，而且其本身爆炸反应的形成也无须氧气的协助，具有一定的"自发性"。

二、气体

（一）气体的定义

这里所说的气体并不是日常所说的气体，而是具有一定的限制条件，如临界温度低于50℃，或在50℃时，其蒸气压力大于300kPa的物质；20℃时在101.3kPa标准压力下完全是气态的物质。这才是本节所阐述的气体。

上述是对气体的具体定义，但是并不是所有符合上述定义的气体均为危险品气体。所谓危险品气体，指的是具有一定危险性的气体，如压缩气体、液化气体、冷冻液化气体等。所谓压缩气体，指的是在温度低于20℃的状态下，其在储存容器内的状态完全属于气态的气体；液化气体则是指在温度低于20℃的状态下，其在储存器内的状态完全属于液态的气体；冷冻液化气体是指在温度相对较低的状态下，其在储存器内的状态完全属于液态的气体。

（二）气体的分类

与爆炸品相一致，气体也需要根据其危险性进行如下分类。

1. 易燃气体

所谓易燃气体，顾名思义，指的是容易燃烧的气体。从物理定义的角度出发，指的是在标准状态下，该气体的爆炸下限低于13%的气体。这一类气体在我们日常生活中应用较多，如甲烷、液化石油气、烃类气体等。

如图3-2所示，是易燃气体的标识。

图3-2 易燃气体的标识

因为易燃气体具有较高的可燃性，所以其在正常状态下遭遇各种外界因素的刺激或者激发之后，便容易发生燃烧或者爆炸反应，因此危险性较高。在应用该类易燃气体时，需要特别注意明火、静电等。

2. 非易燃气体

所谓非易燃气体，指的是不容易发生燃烧反应或者爆炸反应的气体，但这并不是指标准状态下，而是在常温下，蒸气压力大于等于280kPa的状态下，这一点需要特别注意。

　　非易燃气体指在 20℃时，蒸气压力不低于 280kPa 或作为冷冻液体运输的不燃、无毒的气体。图 3-3 为其标识。

图 3-3　非易燃气体的标识

　　这一类气体虽然不容易发生燃烧反应，而且没有毒性，但这是因为其处于高压状态下，所以其本身还是存在着一定的爆炸危险的。关于非易燃气体，可以分为窒息性气体和氧化性气体两大类。所谓窒息性气体，指的是将空气之中的氧气成分取代或者降低氧气在空气中的百分比，从而达到让人窒息状态的气体。此外，当空气中的氧气含量过高时也会对人体产生窒息作用，所以该类气体同样属于窒息性气体。氧化性气体指的是在氧气含量高于正常空气占比时，更加容易发生燃烧反应的气体，如压缩空气、氨气等。部分该类气体本身具有较强的氧化性，因此在氧气含量偏高时，其氧化性就会更强，而其所带来的危险性也就会更大，因此需要注意其发生泄漏。

　　3. 有毒气体

　　所谓有毒气体，指的是能够对人类的身体健康产生一定危害的气体；或指吸入毒性半数致死浓度 $LC_{50} < 5\,000mL/m^3$ 的气体。图 3-4 是有毒气体的标识。

图 3-4　有毒气体的标识

有毒气体不仅能够对人的身体健康产生危害，而且还能够对动物乃至植物的正常生长产生危害。具体的危害方式有多种表现形式，如使人或者动物窒息、灼伤等。此外，有毒气体还包括一些能够对人体产生氧化性的气体。常见的有毒气体有煤气、一氧化氮、氨气等。

（三）压缩特性

1. 可压缩性

气体的可压缩性，指的是在恒温状态下，当给予气体一定的压力时，气体的体积就会与之发生负相关性的变化，如压力越大，气体的体积就会变得越小；反之，当减少给予气体的压力时，气体的体积就会变大。当压力加大到一定程度时，气体就会转变成液体状态。

2. 膨胀性

膨胀性，指的是当气体的温度有所升高时，气体内分子间的运动活性就会有所提升，从而发生膨胀，即体积变大。使气体温度升高的外因有很多，如气温的升高、阳光的照射、人为加温等。因为气体在发生膨胀之后，就会对容器内壁产生相对较大的压力，这就容易导致气体发生爆炸，特别是当该气体处于高温状态下或者受到强烈撞击时，更增加其发生爆炸的可能性，因此需要加强注意。

3. 混合爆炸性

混合爆炸性并不是针对所有气体而言，也不是针对单一气体而言，而是主要针对易燃可燃类气体而言，其在与空气混合之后，也就是在得到氧气的融入之后，在外界环境的作用下，就容易发生燃烧和爆炸。如天然气泄漏之后与空气混合，当达到一定的浓度时，遇明火就容易发生爆炸。

4. 多重性

这里的多重性，指的是气体具有多种性质特点，如刺激性、腐蚀性等。

三、易燃液体

（一）易燃液体定义

易燃液体，顾名思义，就是容易发生燃烧反应的液体。关于易燃液体，需要提到一个名词，即闪点温度，这是通过实验得出的一个温度区间。在该温度下所释放出来的易燃蒸气液体才是本节所阐述的易燃液体的物理定义。其标识如图 3-5 所示。

图 3-5　易燃液体的标识

因为易燃液体的可挥发性，所以其挥发的蒸气在与空气相混合之后，便容易形成爆炸性混合物，生活中常见的该类易燃液体有汽油、油漆等。

（二）易燃液体分类

对于易燃液体，可进行如下分类。

1. 低闪点液体

闪点 < -18℃，或具有低闪点并兼有某些非易燃危险性质的液体。如乙醚、乙醛、丙酮等。

2. 中闪点液体

-18℃≤闪点≤ 23℃。如苯、甲醇、乙醇、油漆等。

3. 高闪点液体

23℃≤闪点≤ 61℃。如丁醇、环辛烷、氯苯、苯甲醚等。

（三）易燃液体的特性

1. 易燃性

因为易燃液体的挥发性，所以其所挥发出来的蒸气同样容易发生燃烧反映，特别是在温度较高的情况下，易燃液体的挥发速度也会明显加快，当其在空气中的浓度达到一定程度时，遇到明火就容易发生爆炸反应。

2. 蒸气的爆炸性

蒸气的爆炸性是由蒸气的易燃性和挥发性共同导致，当易燃液体挥发之后与空气相融合，就会形成爆炸混合物，自然也就存在着发生爆炸的危险性。相比较而言，在相同条件下和同等时间内，挥发性越强的易燃液体，其所发生爆炸的危险性也就越大。当然，易燃液体的挥发性并不是稳定不变的，其也要受外界环境温度、压力等方面的影响与作用。

3. 热膨胀性

与易燃气体相同，易燃液体同样具有热膨胀性，将易燃液体存放于某密闭容器内，对其外表面进行加热时，内部的液体就会受热并发生膨胀。当因膨胀所产生的压力超过密闭容器的承受限度时，就会发生爆炸。因此，在对易燃液体进行储存时，需要对储存容器进行检验，避免选用抗压性较弱的容器。同时，在存储易燃液体时，不能将容器装满，而是要预留出一定的空隙，特别是在温度较高的夏季，要注意存放于阴凉位置，避免易燃液体受热膨胀，发生爆炸反应。

4. 流动性

流动性可以说是液体的固有属性，但是这也要视液体的浓度或者黏稠情况而定。一般而言，易燃液体较为稀释，黏度不高，所以流动性相对较强。正是因为易燃液体的流动性，才使得其渗透效果较佳。如果承载容器封闭性不强，那么易燃液体就会从容器缝隙中流出，并且不断扩大，这样不仅是对易燃液体的浪费，同时因其挥发性较强，容易与空气相融合，从而存在爆炸风险。

5. 静电性

液体之中本身就存在电解质，只是不同类型的液体中所包含的电解质浓度不同。一般而言，易燃液体中的电解质浓度相对偏高，特别是在对易燃液体进行搅拌、摇动或者因为运输、移动等过程而使其中的电解质浓度增加时，就要多加注意，避免因为静电荷含量过高而产生静电火花，从而发生爆炸。

6. 毒害性

一般而言，易燃液体普遍带有一定的毒害性。这里的毒害性主要是针对人体或者动物而言。随着易燃液体的挥发而融入空气，又会随着人或者动物的呼吸而进入人体或者动物体内部，从而对人或者动物造成危害。当然，不同类别的易燃液体，其给人体或者动物所带来的毒害效果并不相同，即有些易燃液体的毒害性较大，有些易燃液体的毒害性较小。但是，对于毒害性较小的易燃液体的危害性同样不容忽视，因为其对人体的伤害并不是立即显现的，而是逐渐累积的，长期吸食同样会给人体造成较为严重的危害。

7. 麻醉性

麻醉性是易燃液体的固有属性，也就是说易燃液体基本都含有一定的麻醉作用，只是其麻醉效果大与小的区别。如果长时间的吸食，很容易使人陷入麻醉状态，并且过量吸食或者长时间吸食还有可能会造成人体死亡。此外，易燃液体的麻醉效果主要通过其蒸气发挥作用。

8. 多重性

上述特性并不是所有的易燃液体都同时具备，可能有的易燃液体只具备上述一项特性。当然，有些易燃液体可能同时具备上述多项特性，所以在使用易燃液体之前，要先对其具体性能了解清楚，并注意使用。

四、易燃固体、自燃物品和遇湿易燃物品

（一）易燃固体

1. 易燃固体的定义及分类

所谓易燃固体，就是容易发生燃烧反应的固体物质。一般而言，易燃固体的燃烧点相对较低，在受到外界环境的撞击或者加热之后，就会迅速产生燃烧反应。图 3-6 为易燃固体的标识。

图 3-6　易燃固体的标识

易燃固体一般分为两类，具体如下：

（1）一级易燃固体。该类易燃固体的燃烧性较强，而且燃烧点较低，并且在其燃烧过程中还常常伴有有毒气体释放，因此被列为一级易燃固体。生活中常见的一级易燃固体包括磷及磷的化合物、闪光粉等。

（2）二级易燃固体。该类易燃固体的整体性能相比一级易燃固体要低很多，如燃烧性弱、所释放出来的毒性小、燃点高等。但是，这些都是相比较而言，并不代表其本身的易燃性差。常见的二级易燃固体种类相对较多，如烟火、金属粉末、赤磷、黄麻等。

易燃固体还可以依据其反应特性的不同进行分类，具体而言，可以分为以下四类：

（1）退敏固体爆炸品。退敏固体爆炸品指用充分的水或酒精浸湿或被其他物质稀释后，形成均一的固体混合物而被抑制了爆炸性能的固体爆炸品。该类易燃固体所包含的种类相对较少，如硝化淀粉、二硝基苯酚盐等。

此类物质在储运状态下，退敏试剂应均匀地分布在所储运的物质之中。对含有水或用水浸湿退敏时，如果预计在低温（0℃以下）条件下储运，应当添加诸如乙醇等适当相溶的溶剂来降低液体的冰点，以防结冰后影响退敏效果。由于退敏爆炸品在干燥状态下属于爆炸品，所以在储运时必须正确说明其在充分浸湿的条件下才能作为易燃固体储运。

（2）自反应物质。所谓自反应物，顾名思义，就是能够独立进行燃烧反应的物质。当然，这里的独立发生燃烧反应并不是完全独立，而是无须空气或者氧气的掺入便能够发生燃烧反应，必要的外界刺激条件还是必须具备的，如加热、撞击等，不会无缘无故地发生自我反应。催化剂对自反应物的反应过程具有相对较大的助力。自反应物质的种类较少，或者说在日常生活中并不常见，如偶氮二异丁腈、苯磺酰肼等。

（3）极易燃烧的固体和通过摩擦可能起火或促进起火的固体。极易燃烧，指的是该类物质的燃烧性相对较强。关于极易燃烧的标准，针对不同的易燃物质分别有着不同的标准，如针对一般的粉末类易燃物质而言，其燃烧时间不得超过45s即可实现全部燃烧的物质，就属于极易燃烧物质。而对于金属类粉末物质来讲，则将燃烧时间不超过10min的可燃物质定义为极易燃烧的固体物质。这一类的物质有很多，如火柴、冰片、钛粉等。

（4）丙类易燃固体。该类易燃物质主要是针对纤维物质而言，常见的有棉花、秸秆、烟叶等。这一类物质虽然经常见到，或者经常用到，表面看来并无太大的危险性，但是一旦大量集结，在外界环境的作用下，就容易发生影响较大的燃烧反应，再加上其极易燃烧，所以其可能造成的危害并不小。因此，在对丙类易燃固体进行存储时，要注意分散开来。

2. 易燃固体特性

易燃固体具有多种特性，具体如下：

（1）燃点低，易点燃。易燃固体，顾名思义，其燃烧性必然较好，容易点燃，或者说其着火点普遍较低。具体的引燃方式还是以明火点燃为主，而且其着火温度普遍低于300℃。除了通过明火点燃之外，还可以通过摩擦、撞击等方式使其达到着火点。

（2）遇酸、氧化剂易燃易爆。大部分的易燃固体在和酸或者氧化剂接触时，会发生着火或者爆炸反应，特别是在遇到强酸或者强氧化剂时，其反应程度更甚。

（3）本身或燃烧产物有毒。易燃固体的毒性来源有两种，一种是来源于其自身，另一种是自身并不带有毒性，但是其燃烧物带有毒性。当然本身带有毒性，燃烧后依然带有毒性的易燃固体也是同样存在的。

（4）自燃性。当易燃固体的自身温度达到其着火点时，就会发生自燃，这主要是针对着火点较低的易燃物质而言。易燃固体的自燃还可能是与氧化剂接触导致，这也属于易燃物自燃的一种。

（5）敏感性。这里的敏感性，主要是针对易燃固体的燃烧点而言，即其在受到明火、摩擦等反应时容易产生燃烧反应。

（6）易分解或升华。易燃固体的分解或者升华是在其发生燃烧反应之后的变化，是一种燃烧伴随性的反应。

（7）可分散性。这里的可分散性，主要与易燃物质的颗粒表面积相关。一般而言，易燃物质的固体粒度越小，其所展现出来的整体表面积也就越大，分散性自然也就越强。当易燃物质的固体粒度小到一定程度时，就会呈现悬浮状态，也就更加增大了其与氧气的接触面积。

（二）自燃物品

1. 自燃物品定义

自燃物品指的是能够独自实现燃烧的物品。一般而言，自燃物品的燃烧点都比较低，并且容易与外界物质发生燃烧反应。自燃物品的标识如图 3-7 所示。

图 3-7　自然物品的标识

2. 自燃物品分类

与易燃固体的分类一致，自燃物品也是根据其自燃程度进行了一级与二级的划分。其中，一级自燃物品指的是能够快速达到着火点，并且自燃反应剧烈的自燃物品，而二级自燃物品则是燃烧反应程度相对较弱的自燃物品，如油纸等。

3. 自燃物品特性

自燃物品能够在自然状态下实现自主燃烧，而且无须外界空气元素的加入，这是其最大的特性。能够产生自燃的物品种类有很多，如黄磷、硝化棉等，这些物品的着火点相对比较低，如黄磷能够在 40℃ 的温度下就能够实现自燃。其次，自燃物品的燃烧并不是全部不需要空气元素的加入，而是有一部分能够在缺氧的条件下实现自燃，如干燥的铝粉、二乙基锌等有机金属化合物等。能够实现自燃的物品，其化学性质相对较为活泼，能够直接与空气中的氧气发生氧化反应，并且实现自燃。因为自燃物品本身具有较强的还原性，所以当其与强氧化性的物质发生接触时，其反应映程度就会变得更加剧烈，甚至爆炸。

（三）遇湿易燃物品

1. 遇湿易燃物品定义

所谓遇湿易燃物品，指的是在该类物品受潮或者遇水时，便能够实现燃烧的物品。当然，这里的燃烧并不是立即实现的，而是在放出大量的热量以达到着火点之后，才实现的燃烧，或者是在释放大量的热量之后也没能够达到着火点，但是接触到了外界的明火之后才发生的燃烧，甚至是爆炸反应。其标识如图 3-8 所示。

图 3-8　遇湿易燃物品的标识

遇湿易燃物品除了能够通过自身接触水之后发生燃烧反应之外，其还可以通过释放大量的易燃气体，这些气体在经过与空气的混合之后演变为爆炸性混合物，而真正发生燃烧或者爆炸反应的则是气体混合物。常见的遇湿易燃物品有很多，如活泼性较强的金属及其氢化物等。

2. 遇湿易燃物品分类

根据遇湿易燃物品在遇水或者受潮之后的反应速度以及剧烈程度，可以将其进行如下划分。

（1）一级遇湿易燃物品。该类物品遇水或者受潮之后的反应程度较为剧烈，因此其很有可能在剧烈反应的过程中发生自燃。除此之外，还有一类物品属于一级遇湿易燃物品，指的是能够极易与水发生反应并且释放出大量的易燃气体的物质。

（2）二级遇湿易燃物品。该类物品指的是遇水或者受潮之后反应较为强烈，并且释放易燃气体较为迅速的物质，其在反应强度和释放气体速度方面普遍弱于一级遇水易燃物品。

（3）三级遇湿易燃物品。该类物品遇水或者受潮之后的反应程度并不激烈，而且其释放气体的速度也较为缓慢，普遍弱于二级遇湿易燃物品。

3. 遇湿易燃物品特性

（1）在遇水或者周围空气中的水分含量较高时，便容易发生剧烈反应，并且因此而释放出大量的可燃气体，存在一定的爆炸隐患。

（2）除了遇水或者周围空气中的水分含量偏高能够引起其产生强烈的反应之外，接触酸性物质或者氧化性较强的物质，其同样能够发生剧烈反应，而且其反应剧烈程度比遇水更加强烈，因此也就更加容易引发爆炸，危害性更强。

（3）该类物质在与人的身体接触之后，容易腐蚀人体皮肤，甚至还会产生毒性。所以，在对该类物质进行运输时，需要做好防水、防潮工作。即使发生燃烧反应，也注意不能用水进行扑救。

五、氧化性物质和有机过氧化物

（一）氧化性物质

1. 氧化性物质定义

氧化性物质，指的是氧化性较强的物质。在其强氧化性的作用下，容易释放出大量的氧和热量。因为氧化性物质富有氧含量，所以其对可燃物质的燃烧往往能够形成较大的助力作用。当然，当其与易燃易爆物品相结合时，也会提升爆炸的危险性或者威力。其标识如图3-9所示。

图 3-9 氧化性物质的标识

2. 氧化性物质分类

一般而言，氧化性物质可以分为以下几类。

（1）一级无机氧化剂

一级无机氧化剂的性能最为活泼，因此其性质也最不稳定，很容易发生氧化反应。生活中的一级无机氧化剂种类较多，如过氧化氢、漂白精、烟雾剂等。

（2）二级无机氧化剂

该类氧化物的氧化性相对弱于一级无机氧化剂，但是其整体所表现出来的氧化性并不算弱。生活中关于二级无机氧化剂的种类也不算少，如过氧酸钾、高氯酸钙、二氧化镁等。

3. 氧化性物质特性

（1）氧化性物质在发生氧化还原反应时，会将被反应物的价态实现从低到高的提升，根据能量守恒定律，氧化性物质本身的价态则需要从高降到低，这也就表明氧化性物质需要含有高价态的元素，如氯、锰等。氧化性物质还具有较强的氧化性能，在遇到外界环境或者物质的激发、刺激时，便能够快速实现分解反应，甚至发生爆炸反应。

（2）有些氧化性物质是通过过氧化物的形式实现的，而过氧化物的过氧基性质极其不稳定，特别是在温度较高的状态下容易发生分解反应，从而将氧元素释放出来，进而助力燃烧，甚至引发爆炸。所以，在对该类物质进行储藏或者运输时，要注意周围环境的温度，同时也要注意避免发生摩擦或者碰撞。

（3）因为氧化性物质本身具有较强的氧化性能，所以其在遇到酸性物质时，往往会发挥出较强的氧化还原性作用，增强化学反应程度，甚至还有可能引发爆炸反应。如过氧化钠在遇到硫酸或者盐酸等酸性物质时，就容易与之发生较为激烈的氧化还原反应，反应程度较为强烈。正因为如此，当过氧化物发生燃烧时，千万不可以采用酸性灭火器进行灭火。

（4）部分氧化性物质活泼性较强，在和水接触时能够发生分解反应，释放出氧气的同时，又产生了一定的热量，而释放出来的氧气又会助力分解反应的完成，即促进燃烧。如果氧气的释放量较大的话，还有可能导致爆炸。所以，当这些氧化性物质发生燃烧时，不能通过泼水的方式进行灭火。此外，还要注意氧化剂的储存环境，避免受潮。

（5）因为氧化性物质性质较为活泼，所以其对其他物品会造成一定的腐蚀性，甚至还存在一定的毒性。因此，在使用氧化性物质时，需要注意避免与人的身体接触，防止灼伤皮肤。

（6）当氧化性物质与氧化性物质接触时，因为两者的性质都较为活泼，因此两者之间很有可能发生复分解反应，同时这个过程中又会伴有大量的热产生，甚至还有可能引发爆炸。但是，并不是所有的氧化性物质与氧化性物质接触都会产生化学反应，而是当一强与一弱的两种氧化性物质接触时，才会使弱氧化性物质进行氧化，而强的氧化性物质则发生还原反应。这也就说明，针对不同的氧化性物质，不能够进行随意混合。

（二）有机过氧化物

1. 有机过氧化物定义

有机过氧化物是指分子组成中含有过氧基（—O—O—）的有机物，如过氧化苯甲酰、过氧化叔丁醇、过氧化甲乙酮等。该类物质为热不稳定物质，其本身易燃易爆、极易分解，对热、震动或摩擦极为敏感，可能发生放热的自加速分解。该类物质还可能具有以下一种或数种性质：可能发生爆炸性分解；迅速燃烧；对碰撞或摩擦敏感；与其他物质起危险反应。该类物质对皮肤、眼睛、黏膜有强烈的刺激性，是大气中的重要污染物。

如图 3-10 所示为有机过氧化物的标识。

图 3-10 有机过氧化物的标识

2. 有机过氧化物分类

一般而言，可以对有机过氧化物进行如下分类。

（1）第一类：过氧化性较强，极易发生燃烧或者爆炸反应。这种类型的有机过氧化物性质比较活泼，外界稍微刺激便有可能引发燃烧或者爆炸，因此需要小心处理和存放。

（2）第二类：这类物质氧化性相对较强，一般情况下不会发生爆燃，但是不能将其存放于包件内部，否则容易引发爆炸反应。所以，在对该类有机过氧化物进行包装时，不宜过重，而且还应当对其危险性质进行标注。

（3）第三类：该类有机过氧化物氧化性一般，不容易受到外界环境的干扰而引发爆炸或者燃烧反应，但是这并不代表其不会发生爆炸或者燃烧反应，依然存在相应的爆炸风险，只是风险性相对较低。对该类有机过氧化物进行包装时，其净重不得超过 50kg，同时也需要对其危险性质进行标注。

（4）第四类：该类有机过氧化物的氧化性较弱，只有在对其进行加热实验时，才有可能产生爆炸反应，但是这种爆炸仅是小范围的或者部分性的爆炸，而不是完全爆炸。同时，虽然该类有机过氧化物发生爆炸反应，但是其反应程度较为缓慢，而且也不剧烈。该类有机过氧化物的净重同样是不得大于 50kg，同时需要对其危险性质进行标识。

（5）第五类：该类有机过氧化物的性质不活泼，即使对其进行加热实验，其依然难以发生较为强烈的化学反应，或者说反应程度微弱。在对该类有机过氧化物进行包装时，需要注意其净重不得超过 400kg，同时对其体积也需要进行限制，即不得超过 450L。

（6）第六类：该类有机过氧化物的化学性质极其微弱，即使对其加热，也难以激发其产生较为强烈的化学反应，反之仅呈现出极其微弱的爆炸力，几乎可以忽略不计。在对该类有机过氧化物进行包装时，注意不能集中存储，而是需要分散包装和运输。

（7）第七类：该类有机过氧化物的性质非常不活泼，即使对其加热，也难以激发起其任何爆炸反应。在对其进行包装时，需要制作具有一定热稳定性的包件。

3. 有机过氧化物特性

（1）强氧化性。强氧化性是有机过氧化物的最显著特点，当其与还原性物质发生接触时，极易产生较为强烈的化学反应，氧化还原性物质的同时，也实现了自身的还原。

（2）易分解。由于有机过氧化物的化学价相对较高，因此当其在受到外界环境的刺激时，其本身极易发生分解反应，并且释放出大量的氧气，而正是因为氧气的大量释放，所以才容易引起爆炸。

六、毒性物质和感染性物品

（一）毒性物质

所谓毒性物质，指的是能够对人体或者动物的肌体细胞产生破坏作用，影响人体或者动物身体健康的一类物质。当然，毒性物质对人体或者动物器官的破坏并不是马上实现的，而是随着时间的延长逐步破坏的，具体的时间需要根据毒性物质的毒性大小而定。不同的毒性物质对人体的破坏范围也不同，如有机溶剂容易损伤人的皮肤、醇类物质能够麻醉人的神经等。

1. 毒性物质定义

一般的定义为凡是以小剂量进入机体，通过化学或物理作用能够导致健康受损的物质。根据这一定义可知，毒性物质是相对的，剂量决定着一种成分是否有毒。图 3-11 为其标识。

图 3-11　毒性物质的标识

2. 毒性物质分类

一般可以将毒性物质分为三类：第一类是急性口服毒性，指通过口服摄入的方式中毒；第二类是皮肤接触毒性，指通过与皮肤接触的方式中毒；第三类是吸入毒性，指通过呼吸摄入的方式中毒。这主要是根据毒性物质的侵入方式的不同进行的毒性物质类别划分。此外，关于对毒性物质的分类方式还有很多，如根据接触毒物的危害程度等，此处不再详细阐述。

判断毒性物质毒性大小的依据是半致死量，其与急性毒性的大小之间呈反相关关系，即半致死量越大，其毒性就越小；反之，半致死量越小，其毒性就越大。当然，毒性的大小并不是判断毒性效果的唯一标准，因为其还要根据摄入毒性物质的量的多少而定。某种急性毒性物质，即使是半致死量较大，也就是其毒性较小，但是经过较长时间的积累，也能够提高其毒性效果；反之，某种毒性物质的半致死量小，也就是其毒性较大，但是其摄入量少或者摄入时间短，其毒性效果也不会大。

3. 毒性物质的特性

这类物品的主要特性是具有毒性。毒性是一个相对的术语，它规定每一种类型有害化学物质对人的危险程度。由于毒性是对人的机体损害，故它只是对人员构成危险，而不是对设备。如果少量物质能对一般的正常成年人造成伤害，就认为该物质是有毒的。

因为毒性物质对人以及动物的侵害方式有多种，如口服摄入、皮肤摄入以及呼吸摄入等，所以在具体的实验过程中，出于安全考虑，在避免吸入毒性物质的同时，实验人员还应避免皮肤与其发生直接接触。

毒性物质的主要特性如下。

（1）溶解性。一般而言，毒性物质都能够溶解于水。从结果角度出发，一般毒性物质在水中的溶解性越强，其所呈现出来的毒性也就越大。但是也并不是所有的毒性物质都溶于水，如硫酸钡，其本身就不能够在水中实现溶解，而且也不能够在脂肪中实现溶解，但是这样的特性依然有其存在价值，如将硫酸钡应用于医学方面的钡餐。

之所以说毒性物质在水中的溶解度越高，其对人体或者动物所造成的危害性就越大，主要就是因为人体内的水分较高导致。当人体或者动物体内摄入一定的毒性物质之后，这些毒性物质便能够快速溶解于人体或者动物的血液之中，并且随着血液的流动而快速蔓延至全身，从而加大其危害性。有些毒性物质还能够溶于脂肪，而且其在脂肪中的溶解度与其毒性的大小也呈现出正相关的关系，即毒性物质在脂肪中的溶解度越高，其对人体所造成的毒害性也就会越大。

（2）挥发性。正是因为毒性物质较强的挥发性，所以才使其容易被人体或者动物所吸入而导致中毒。一般而言，毒性物质的挥发性越强，就越容易被人体所吸食，自然也就增大了人体或者动物的中毒机会。毒性物质的挥发性与其自身的沸点之间也存在着较大的关系。沸点比较低的毒性物质，其达到沸腾或者分子之间的运动强度相对就会高于沸点比较高的毒性物质，自然也就能够提升其挥发程度。虽然毒性物质具有较强的挥发性，但是这并不代表所有的毒性物质均带有较大的气味或者带有较为浓重的颜色。带有气味和颜色的毒性物质自然能够容易被发现和察觉，但是还有一种无色无味的毒性物质不容易引起人体或者动物的察觉，中毒的概率就会因此而提高。

（3）脂溶性。脂溶性指的是该物质能够溶于脂肪。一般而言，能够溶于脂肪的物质不溶于水。因为脂肪是人体的重要组成部分，所以一旦有毒物质融入脂肪，那么其便能够顺着脂肪继续渗入，从而引起人体中毒。

（4）因为一些毒物的体积是非常细小的，所以容易分散并漂浮在周围的空气之中，因此也就很容易顺着人体的呼吸而进入肺脏之中，从而引起中毒。

（5）渗入性。有毒物质在通过口、呼吸以及皮肤等方式进入人体之后，便开始在人体内部渗入，这是导致人体积聚毒性并且中毒的真正原因。因此，在与有毒物质接触时，一定要注意做好防护工作，既不饮用有毒物质、吸入有毒物质，同时也不通过身体接触有毒物质。

（二）感染性物品

1. 感染性物品定义

所谓感染性物品，指的是可能含有病原体的一类物品。这些病原体的种类有很多，如细菌、病毒等，能够引起人体或者动物发病，严重者还会导致人体死亡，因此其危害性不容忽视。此外，感染性物品还容易具有一定的传染性，因此其危害层面也就会更加广泛。图3-12为其标识。

3-12　感染性物品的标识

对于感染性物质是存在一定的具体要求的，而且对于不同的感染性物质有着不同的物质要求。因此，无论该感染性物质是属于生物制品，还是属于诊断样品，其都必须遵守既定的物质要求。

2.感染性物质的分类

该分类存在多种方式，一种是根据感染对象进行分类，比如对人感染为A级感染性物质，对生物感染为B级感染性物质。此外，感染性物质还可以根据生物的安全性进行分级，但是国际上对这种分级方式并不统一，所以此处不再论述。

3.感染性物品运输

在对感染性物质进行运输时，应当根据感染性物质的性质，做好各项预防和管理工作。首先，需要特别注意做好感染性物质外包装的防护工作，一旦由于外包装的破损而造成感染性物质的泄漏，那么其危害性必然是巨大的。其次，因为感染性物质易于传染，因此当感染性物质发生泄漏时，要特别注意控制和缩小传染范围。最后，注意提高运输效率，以降低传染风险。

七、放射性物品

（一）放射性物品定义

放射性物品，指的是能够自发地对外界释放射线的一种物品，而且这种射线具有一定的危害性，如导致人体生病、畸形，或者导致人体或动物死亡等。之所以放射性物品能够释放射线，是因为其自身的原子构成不稳定导致，因此这种射线释放源源不断，但是其危险性也在逐渐减弱。图3-13为其标识。

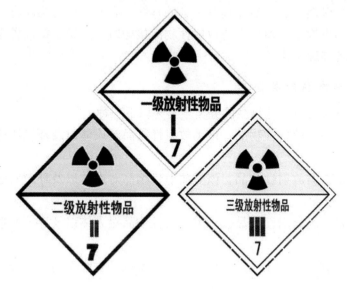

图3-13　放射性物品的标识

（二）放射性特性

不同的放射性物质，其活跃程度不同，如有的放射性物质的活跃程度高，而有的放射性物质活跃程度低，这也成为判断其放射性强弱的一个标准。

放射性物品的射线包括 α 射线、β 射线、γ 射线等，主要通过对人体产生电离，造成人体器官损伤。α 射线的穿透能力相对偏差，但电离作用很强。β 射线也叫乙种射线，其实质上就是电子流，β 射线的特性与 α 射线正好相反，其穿透能力相对较强，但电离能力差。此外还有 γ 射线，其运动能力非常强，因此具有较强的穿透能力。当对人体内的某种物质进行杀害时，可以选用 γ 射线。

虽然放射性物品的射线包括 α 射线、β 射线、γ 射线等多种射线形式，但是并不是所有的放射性物品都能够释放出 α 射线、β 射线和 γ 射线，具体还要根据不同的放射性物品性质而定。有的放射性物品只能够释放出 α 射线，有的放射性物品只能够释放出 β 射线，而有的放射性物品则只能够释放出 γ 射线。当然，还有的放射性物品则能够释放出以上三种射线中的两种或者三种。不同的射线对人体所造成的伤害是不一样的，具体还需要比较三种射线对人体的侵害方式。当放射性物品尚未侵入人体内部时，β 射线和 γ 射线对人体所造成的伤害相对较大，而当放射性物品侵入人体内部时，则 α 射线对人体所造成的伤害比较大。

此外，放射性物品一般还具有一定的毒性，有的放射性物品毒性大，而有的放射性物品毒性小，所以在与放射性物品接触时，一定要提高警惕，做好相应的防护或者屏蔽工作。

（二）放射性物品分类

一般而言，对放射性物品的分类主要为以下三种：

第一种是一类放射性物品，该类放射性物品对人体以及环境所造成的伤害性最大；

第二种是二类放射性物品，该类放射性物品对人体以及环境所造成的伤害性一般；

第三种是三类放射性物品，该类放射性物品对人体以及环境所造成的伤害性相对较弱。

此外，放射性物品还可以根据其物理形态或者射线类型进行分类，此处不再详细阐述。

八、腐蚀品

（一）腐蚀品定义

所谓腐蚀品，指能够给被腐蚀对象造成一定伤害的一类物品，具体的伤害程度则要根据腐蚀品腐蚀能力的强弱而定。图 3-14 为腐蚀品的标识。

图 3-14　腐蚀品的标识

（二）腐蚀品分类

一般而言，人们根据腐蚀品的性质，将其分为三个类别。

1. 酸性腐蚀品

酸性腐蚀品，指的是其本身的化学性质为酸性，而且具有极强的腐蚀性的物质。通常酸性腐蚀品多具有较强的挥发性，特别是当该酸性腐蚀品的浓度较高时，其挥发性也就更大，而且所挥发出来的酸性物质同样能够对人体造成不同程度的伤害。同时，酸性腐蚀品还具有极强的氧化性，或者说其腐蚀性质的形成正是因为其本身极强的氧化性。根据不同酸性腐蚀品酸性大小的不同，可以将其分为四个类别，分别为一级有机酸性腐蚀品、一级无机酸性腐蚀品、二级有机酸性腐蚀品、二级无机酸性腐蚀品。该分级是根据酸性腐蚀品的酸性大小进行划分的，一级酸性腐蚀品的腐蚀性最强，二级酸性腐蚀品的腐蚀性相对较弱。判断不同等级酸性腐蚀品酸性强弱的标准即是其致动物皮肤的坏死时间，一般以 3min 为界限，小于 3min 的为一级酸性腐蚀品，而大于 3min 的为二级酸性腐蚀品。

2. 碱性腐蚀品

所谓碱性腐蚀品，指的是化学性质为碱性的腐蚀品。同酸性腐蚀品一致，碱性腐蚀品同样具有较强的挥发性，而且挥发物还会对人体造成不同程度的伤害。与酸性腐蚀品不同的是，碱性腐蚀品多具有较强的还原性。碱性腐蚀品一般可以分为两个类别，分别是一级碱性腐蚀品，该类腐蚀品的腐蚀性相对较强；另一类是二级碱性腐蚀品，该类腐蚀品的腐蚀性相对较弱。分辨碱性腐蚀品腐蚀性强弱的标准同样是比较其对动物皮肤的腐蚀坏死时间，坏死时间在 3min 以内的，属于一级碱性腐蚀品；坏死时间超过 3min 的，属于二级碱性腐蚀品。

3. 其他腐蚀品

其他腐蚀品指的是除酸性腐蚀品和碱性腐蚀品之外的腐蚀品，这一类别的腐蚀品最为复杂，而且其腐蚀性能也相对较弱。一般而言，能够在 4h 之内使动物皮肤产生坏死现象的腐蚀品称为其他腐蚀品。如果被腐蚀的对象不是动物，而是钢或者铝，那么时限则要延长，而腐蚀的标准也要有所改变。因此，其他腐蚀品的类别更为复杂化。其他腐蚀品同样具有挥发性，而且其挥发物同样能够给人体带来不同程度的伤害。

一般而言，对于其他腐蚀品进行分类主要是为了包装，以保证其他腐蚀品存储以及运输的方便性。第一类是高度危险类的其他腐蚀品，通常指 3min 内能够致使动物皮肤出现坏死现象的其他腐蚀品；第二类是中度危险类的其他腐蚀品，指的是 3min 以上、1h 以内能够使动物皮肤出现坏死现象的其他腐蚀品；

第三类是低度危险类的其他腐蚀品，指的是 1h 以上、4h 以内能够致使动物皮肤出现坏死现象的其他腐蚀品。

（三）腐蚀品特性

腐蚀品，顾名思义，首先其必然具有较强的腐蚀性，而且这种腐蚀性不分对象，既能够对人体或者动物皮肤造成腐蚀，同时又能够对金属设备或者建筑物等造成破坏；其次是氧化性或者还原性；最后是稀释放热性。一般而言，在对腐蚀品进行稀释时，通常都会伴有大量的热量放出，甚至还有可能因此而产生燃烧反应。

九、杂类危险物质和物品

未列入其他类别危险的物质和物品即为杂类危险物质和物品，分为磁性物品和另行规定的物品两类。图 3-15 为其标识。

图 3-15　杂类危险物质和物品的标识

第四章　实验室电气安全

第一节　实验室电气事故的分类

电力和电气设备在实验室中应用广泛。如果电气设备安装不正确、操作不合理、养护不到位、管理不善或者使用不当、粗心大意，不仅可能造成人员触电和电气设备损坏，还可能引发火灾、爆炸等重大事故，危及人身安全。电气事故通常不是由单一原因引起的，因此加强电气设备的安全和防火，实验室工作人员了解电气设备火灾形成的原因是很重要的。

一般而言，电气安全主要包括两个方面内容，一是人身方面的安全，二是设备方面的安全。其中，人身方面的安全主要指的是电力工作人员的人身安全；设备方面的安全则是指电力设备的安全。关于电气事故的类型多种多样，具体的电气事故原因也千差万别，如因人为操作而引起的电气事故、因自然环境因素而造成的电气事故等。

一、触电事故

触电事故是电气事故中的一种，属于人身方面的安全内容。所谓触电事故，指的是电流通过直接接触或者其他方式作用于人体，最终导致人体受到不同程度的伤害。电流流过身体、大地或其他导电体，形成一个闭合电路。当通过人体的电流很小时，人体所受到的电流伤害相对较小，如轻度肌肉痉挛等。当通过人体的电流较大时，其对人体所造成的伤害作用就会加大，肌肉痉挛程度也就会加重，这时人体可能就会难以自行摆脱电流的冲击。肌肉的非自愿痉挛性收缩所造成的损伤，将严重损害人的心、肺和神经系统的正常工作，最终由于中枢神经系统瘫痪，呼吸停止或心脏停止跳动，导致死亡。触电时间越久，对人体造成的损伤也就越严重。

实验室有大量的电气设备，很多设备本身就带有一个金属外壳，而很多试验区本身就是一个潮湿封闭的环境，所以经常发生触电事故。触电的原因一般是电线损坏、漏电保护失灵、地线断线、无接地保护、电压选择不安全等。人体触电的方式一般包含以下两个类别。

（一）电击

电击指的是电流直接通过人体而对人体造成伤害的一种触电方式，一般其对人体所造成的伤害程度较大，当然这也要根据电流强度的大小而定。如果是雷击，伤害往往是致命的，后果比一般的触电要严重得多。大多数触电事故都含有电击的因素。它的致命性比电弧烧伤要低得多，但它持续时间更长，通常在身体表面没有留下任何可见的痕迹。

如果对电击的类型进行进一步划分的话，可以将其划分为单相电击、双相电击、跨步电压电击、高压电击、直接接触电击、间接接触电击等多个类别。其中，单相电击指的是人体与一相带电体进行接触而引发的电击，这种类型的电击形式和电击比例最高，如雷击就属于单相电击。两相电击，就是人体与两相带电体进行接触而引发的电击，这种类型的电击是将人体与两相电路组合成为一个闭合的回路，给人体造成触电后果。当发生两相电击时，施加在人身上的电压可能高达220V或380V，这也是最危险的电击类型。跨步电压电击是指人站立或行走时，受人体两脚之间电压的作用，即跨步电压作用引起的电击。跨步电压直接电击的风险通常很小，因为跨步电压本身很小，通过人体重要组织的电流量也很小。但是跨步电压电击会造成二次损伤，也会伤害到人体。高压电击，指的是1 000V以上的高压电气设备的高压电可以将空气击穿，直接将电流作用在过于接近它的人体上。电流通过人体时还会伴有高温电弧，可使局部组织的温度瞬间高达2 000℃～4 000℃，烧伤人体。直接接触电击和间接接触电击是相对而言的，直接接触电击指的是线路正常状况下，人体与带电体的接触而引发的电击；而间接接触电击则是指线路非正常状况下人体与带电体接触而引发的电击。

（二）电伤

电伤是由于电流对人体的热、化学和机械作用而引起的局部损伤。电伤往往与电击同时发生。一般而言，大多数的电击事故中都包含有一定的电伤成分。

具体的电伤类型多种多样，如有电烧伤、电烙印、电光眼等，其中电烧伤最为常见。

二、静电事故

静电事故是由静电电荷或静电场能量引起的。在工作过程中，一些材料的相对运动、接触和分离容易产生静电。虽然产生的静电能一般不会直接致命，但其电压可高达 10kV 以上，容易产生放电，释放电火花。静电放电最大的威胁是引起火灾或爆炸事故，也可能对人体造成伤害。

静电事故的种类多种多样，如生活中常见的静电火花，虽然其在生活之中并不起眼，但是在具有一定火灾危险性的场所，静电火花很有可能成为导致该场所发生危险事故的根源。当人体接触静电时，虽然其并不能直接对人体造成伤害，但是有可能促使人体做出非正常性的行为，从而引发其他恶性事故。尽管静电对人体的危害性并不大，但是人们依然会对静电存在一定的恐惧心理，这就很有可能成为引发静电事故的根源。如在开展一些实验活动时，工作人员看到静电的物理现象会对实验活动产生抵触心理，从而阻碍实验活动的正常进行。

三、雷电事故

雷电本质上是由大自然的力量分离和积累的电荷，也是局部地区暂时失去平衡的正电荷和负电荷，是大气中的一种放电现象。这是一种很强的静电电击，主要是因为雷电所形成的电流相对较大，给人体或者自然带来较大的破坏。

雷电的破坏方式多种多样，如直接电击人体或者自然建筑物等，电流热量可以引发火灾。雷电事故的主要破坏力并不是雷击，而是因为雷击而引发的火灾，不仅破坏力强大，难以预防，而且还会给社会带来较大程度的财产损失。

四、射频电磁场危害

射频指的是由无线电波或者电磁振荡所释放而出的频率，其大小多在 100kHz 以上。射频所造成的伤害主要是由射频磁场所造成的，如果辐射量大或者辐射时间过长，可能会导致人体的神经出现衰弱或者紊乱，并且还会给人体其他各个部位造成不同程度的伤害。特别是在强度较高的射频电磁场作用下，可能会引爆器件，从而造成一定的爆炸危险。

五、电气系统故障

电气系统故障，一般是指电气控制线路的故障，这主要是由电能在输送、分配时失去控制造成的。常见的电气系统故障类型较多，如断线、漏电、掉闸等。而引起电气系统故障的原因也是多种多样，如风力刮断、人为切断、电压不稳、使用不当等，均有可能引起电气系统产生故障。

在所有电气事故类型中，以触电事故最为常见。但无论哪种事故，都是由于各种类型的电流、电荷、电磁场的能量不适当释放或转移而造成的。

第二节　实验室触电事故的原因与预防

一、漏电

漏电指的是电流发生泄漏的一种现象，这在我们的日常生活中非常常见。关于漏电的危害，则由漏电量的大小和周边环境共同决定。下面对漏电的原因以及预防措施进行详细阐述。

（一）漏电产生的原因

（1）有些用电器采用的电路板自身有问题，如电路板低压电路没有与220V 的交流电隔离，本身就带有市电。

（2）当导线线路遇到电阻较大的部位（如钢筋连接处）时，绝缘导线受到机械损伤或受到潮湿、高温、腐蚀等影响而老化，绝缘性能大大降低。

（3）由于某些部件（特别是电容）漏电或电路板上的湿气和灰尘过多，在连接高、低压部件后，外壳可能带电，发生漏电现象。

（4）所选绝缘导线绝缘强度低，接线绝缘质量不好，产品不合格，没有达到相应的绝缘标准。

（5）裸导线的支架材料的绝缘性能大幅度下降，可能发生漏电现象。

（二）漏电的预防措施

在设计和安装电气线路时，导线、电缆的绝缘性能不得低于电网的额定电压要求，绝缘子也要根据电源的不同电压选配。各种线路在投入运行前，必须用兆欧表测量其线间、线对地的绝缘电阻是否符合绝缘要求。在有特殊湿度、高温或酸碱腐蚀性气体的实验室，严禁使用敞开的绝缘线，应使用套管接线，经常清理灰尘线。当有摩擦时，应将导线装入钢管内进行地下布线。各种线路在投入运行后，还应定期测量线路的绝缘效果，对异常情况应及时修复，消除隐患。防止电路板积灰，若受潮后灰尘不易清除，可用无水酒精清洗，清洗后用吹风机除去水分。

二、短路

在电路上，当电源被一条没有负载的导线直接连接时，就形成了闭合电路，这称为短路。相线之间的接触称为同一短路；相线与地面、接地导体或接地之间的直接接触称为对地短路。当短路发生时，电流增大到正常时间的几倍甚至几十倍，所产生的热量与电流的平方成正比，使温度急剧上升，远远超过正常工作时的散热量。短路不仅会使绝缘层烧坏，还会使金属熔化，引起燃烧，造成火灾。雷电放电电流很大，具有类似短路电流的热效应，但强于短路电流。当短路电流突然增加时，热量立即释放，导致电路燃烧。

（一）短路产生的原因

（1）导线出故障没有得到修复，导线老化，导线绝缘层老化或损坏，导线外露。

（2）接线方法不正确，耐酸、耐腐蚀、耐高温或耐潮湿实验室使用了非耐酸、非耐腐蚀、非耐高温或非耐潮湿的普通导线。

（3）导体的绝缘性不适合所用电路的电压和电流强度，电源的过电压导致绝缘层被击穿。

（4）移动式电气设备的导线没有良好的保护层，导线绝缘层被机械损坏脱落。

（5）导线安装、架设不牢固，导线掉在地上，或人为乱拉、乱接。

（6）使用插座时，没有使用插头，而是用裸露的导线端插入插座，直接与电路连接。

（7）在导线上绑系或悬挂过长的导线，使得电路没有负载而直接连通，发生短路。

（8）线路安装过低，与各种运输物品或金属物品发生碰撞短路。

（二）短路的预防措施

（1）在安装和使用电气设备时，应根据电路的电压、电流强度和工作性质，合理布线。

（2）移动电气设备的导线，要有良好的保护层。

（3）导线要安装得牢固，防止突然脱落。

（4）严禁导线裸端直接插在插座上。

（5）禁止将导线悬挂在铁丝或铁钉上，或将过长的线成捆打结。

（6）主电源开关上安装与电流强度相适应的安全装置，并将其分离、切断，定期检查电路运行情况，及时消除隐患。

三、过负荷

过负荷是指在电力系统中，发电机、变压器及线路的电流超过额定值或规定的允许值。

（一）过负荷产生的原因

（1）在设计和安装导线时，导线截面选择不当，实际负荷超过导线的安全承载能力。

（2）过多或过大功率的电气设备连接到电路上，超出电路的负载能力。

（二）过负荷预防措施

（1）电气线路与用电设备要按照电气规程安装，选用合适的导线截面。

（2）要安装合适的熔断器和保护装置，不能任意调整保险丝直径，严禁用铜丝、铁丝替代保险丝在电路中使用，保证熔断器和保护装置在线路严重过载时，能及时切断电源。

（3）不能乱拉导线和接入过多或功率过大的电气设备。过载或过载时间过长会产生危险温度。

（4）经常检查线路负荷，发现过负荷时，要减少用电设备或更换截面较大的导线。

四、电火花

（一）电火花产生的原因

（1）一般开关或闸刀开关在接通或切断电路时产生电火花。

（2）导线连接不良或电路发生短路时，或保险丝熔断时产生电火花。

（3）在带电情况下更换灯泡、保险丝或修理电气设备；灯罩或护网意外带电，在电压下裸手更换熔断丝、修理熔断器，更换低压熔断丝时，产生电火花。

（二）电火花的预防措施

（1）要经常用外部检查和检查绝缘电阻的方法来监视绝缘层的完整性。

（2）防止裸导线和金属体相接触，防止短路。

（3）安全风险较高的实验室应安装防爆或密封隔离式的照明灯具、开关及保险装置。

（4）禁止工作人员在通电情况下，更换灯泡、保险丝以及修理电气设备。

五、触电

（一）缺乏电气安全知识

如果相关人员不懂得电气安全知识或者未能严格按照电力安全知识指导流程进行安全操作，那么就很容易引发触电事故。生活中因为缺乏电气安全知识而引发的触电类型多种多样，如未做好相应的安全隔离措施就接触电路、线路连接出错等。

（二）接触电器设备外壳引起触电

电器设备外壳没有接地而带电或接地（零）不良，或者正常时不带电，仅在事故情况下带电而造成触电。

（三）接触裸露的带电体或过分接近带电体

工作人员应与带电体保持一定安全距离。当距离小于安全规定值时，容易因距离过近、绝缘击穿而引起触电事故。接触或接近带电体而受电击或电弧伤害，这类事故并不罕见。这与人体所处状态有关，也与带电体电压等级及环境有关。电压等级越高，距离要求越大；室外距离大于室内距离。

（四）绝缘材料性能降低

由于导线的使用时间过长，其外层绝缘材料老化或损坏后，绝缘性能会大幅度降低，容易发生漏电现象。一旦人们与之接触，就会发生触电事故。这是造成触电最常见的原因，因为在常规思维方式下，人们认为外层具有绝缘性能，就一定是安全的，往往会忽略防护。因此，在实际的触电事故中，此类事故占有很大的比例。

（五）其他触电

感应过电压对人体造成电击，或与邻近导体发生火花放电，也会发生触电危险。

六、违规操作或错误操作

（一）违规操作或错误操作的表现

违规操作或错误操作主要表现为选用不当、安装不合理。

（1）在有可燃液体、气体、固体、粉尘及腐蚀性气体的潮湿、高温等实验室，没有按耐火防火的要求采用特殊绝缘导线及照明灯具。

（2）在有易燃易爆物的实验室，使用开启式电热设备。电热设备的安置与可燃物间距过小或安置在可燃物的台面上。

（3）电热设备加热温度过高、加热时间过长，或操作人员没有按有关的安全操作规定使用。

（4）电器设备长期超负荷使用引起变压器线圈发热，加速绝缘老化，造成匝间短路、相间短路或对地短路，导致着火或爆炸。

（5）电气设备散热油管堵塞、通风道堵塞、安装位置不当、环境温度过高或距离外界热源太近，使散热失效，可产生危险温度。

（6）电器设备保养维护不善，造成受潮、腐蚀、灰尘污染，引起转动不灵，绝缘能力下降或损坏了绝缘，导致匝间短路或发热起火。

（7）不可拆卸的接点连接不牢、焊接不良或接头处夹有杂物，可拆卸的接头连接不紧密或由于振动而松动，可开闭的触头没有足够的接触压力或表面粗糙不平等，均可能增大接触电阻，产生危险温度。特别是不同种类金属连接处，由于二者的理化性能不同，连接将逐渐恶化，产生危险温度。

（二）违规操作的预防措施

（1）凡有易燃易爆液体、气体和粉尘的实验室，应采用耐火专用绝缘电线和防爆照明灯具。

（2）电热设备的位置要远离易燃物，有易燃易爆物的实验室不得使用开启式电热设备。

（3）电热设备功率应与电路导线截面积相适应，防止过载现象发生。凡电热设备所需电流超过 6A，不得接入一般照明线路中，应安排独立电路。

（4）用电加热设备加热、烫漂、烘干样品或试剂时，应安排专人在一旁看护，并按要求严格控制温度和加热时间。在增加大容量电气设备时，应重新设计电路。严禁在原回路上增加容量，防止因过载而导致线路起火。

（5）电器设备应经常维护检查，及时清除积灰。检查设备的运行情况，发现异常现象，及时处理，特别对使用率低的电器设备应定期通电防潮，以防受潮短路引起火灾。

（6）定期或不定期检查电气设备，做好详细记录，发现重大安全隐患要及时向安全管理部门报告。

第三节　实验室电气火灾、爆炸的原因

电气引起火灾或爆炸，主要是由于电气设备过热或产生了电火花、电弧。

一、电气设备过热

众所周知，电气设备在运行过程中需要放热。当电流通过电气设备或导体时，一部分被消耗的电能会以热辐射的形式提高导体本身的温度，加热其他周围材料（如绝缘材料）。此外，交流电的交变磁场也能在磁性材料中产生热量。绝缘材料老化后，也会消耗电能，使绝缘材料温度升高。

电气设备本身的温升是有规定的，这与绝缘材料的允许温升有关。不同的绝缘材料，其允许温升是不同的，当温升超过允许温升时，每超过 8℃，绝缘材料的老化率就翻一番，即寿命减半。当温度大大超过绝缘材料的允许温升时，不仅会加速绝缘材料的变化，还会使绝缘材料燃烧，这是非常危险的。

二、引起电气设备过热的原因

（一）短路

短路是由相线与换相线或相线之间的金属性接触引起的。当发生短路时，线路中的电流比正常情况下增加几倍甚至几十倍，因此温度急剧上升，导致绝缘材料燃烧起火。

（二）过载

当电线或装置通过的电流超过其允许值（额定电流或允许通过电流）时，该电线或装置过载。过载也会导致绝缘层燃烧，酿成火灾事故或致使电气设备的损坏。

（三）接触不良

电气线路或设备上的连接部分多用焊接和螺栓连接，螺栓一旦松动，则连接部分接触，电阻增加而导致接头过热。

（四）铁芯发热

电气设备的铁芯为必备部件，由于磁滞和涡流损耗而发热。正常时，其发热量不足以引起高温，只有当铁芯绝缘损坏或设计不合理时、其热损增加才产生高温。

（五）散热不良

电气设备温升不只和发热量多少有关，也和散发热条件好坏有关。如果电气设备散热措施损坏，则会造成设备过热，如电机缺少风机、油浸设备缺油等。

三、电火花和电弧

电火花是电极间的击穿放电。电弧是大量火花的汇集。一般电火花的温度都很高，特别是电弧，温度最高可达 6 000 ℃。因此，电火花和电弧不仅能引起绝缘物质的燃烧，而且也可引起金属熔化、飞溅，极易引发火灾、爆炸。

电火花可分为工作火花和事故火花。工作火花是指电气设备正常工作时，在正常操作过程中产生的火花，如直流电机电刷与整流片接触处产生的火花，开关或接触器触头开合时产生的火花等。事故火花是线路或设备发生故障时出现的火花，如发生短路或接地时产生的火花，绝缘损坏或保险丝熔化时出现的闪光等。

第四节　安全技术对电气设备基本要求

电气应用极为广泛，涉及各个领域。只要使用电，就有可能发生电气事故。电气事故危害大、涉及范围广，是电气安全工程主要的研究和管理对象。充分认识电气事故的危害性，满足安全技术对电气设备的基本要求，对安全用电有着非常重要的意义。

电气事故统计资料表明，电气设备结构有缺陷、安装质量差、不符合安全要求是造成事故的主要原因。从安全管理角度而言，电气事故的发生并非都是偶然，如缺乏电气安全技术知识、违反电气安全技术要求等情况下，就有可能发生各种电气事故。很多实验室电气事故的发生是不能满足安全要求而造成的，这种情况在所有事故中出现的频率较高。

为了确保人身和设备安全，在安全技术方面对电气设备有以下要求。

对裸露于地面和人身容易触及的带电设备，应采取可靠的防护措施。设备的带电部分与地面及其他带电部分应保持一定的安全距离。易产生过电压的电力系统，应有避雷针、避雷线、避雷器、保护间隙等过电压保护装置。低压电力系统应有接地、接零保护装置。

持续通过用电器的电流如果超过安全载流量，带电设备发热将超过允许值，导致绝缘材料损坏，甚至会引起漏电和发生火灾。对于这种情况必须加以重视。如果出现漏电现象，要进行验电。高压验电时应佩戴绝缘手套。验电器的伸缩式绝缘棒长度应拉足，验电时手应握在手柄处不得超过护环，人体应与验电设备保持足够的安全距离。

在选用各类电气设备时，一定要保证质量，并配备保护装置，如电气内置防爆装置、电力系统的继电保护装置、多路电源用户的连锁装置等。

在电气设备安装中，要严格执行各种安全规程，根据需要正确选择各种电气设备。在配电装置上，接地线应设在该装置导电部分的规定地点，这些地点的油漆应刮去，并配有黑色标记。所有配电装置的适当地点，均应设有与接地网相连接的接地端，接地电阻应合格。接地线应采用三相短路式接地线，若使用分相式接地线时，应设置三相合一的接地端。

各种电光源、灯具、控制开关在安装中，要采取防热、防爆和各种过载保护措施。对各种高压用电设备，应采取装设高压熔断器和断路器等保护措施；对低压用电设备，应采用相应的低压电器保护措施进行保护，如装设保护性中性线等。

用电设备要与建筑物及有关设施之间保持一定的安全距离，保证人身安全和设备的运行安全。在使用电气设备时，当设备出现异常情况时，要先关闭设备的电源，再对设备进行全面检查。

电气设备安装现场应设置安全标志。标志一般有颜色标志、标示牌标志和型号标志。颜色标志表示不同性质、不同用途的导线；标示牌标志通常用作危险场所的标志；型号标志用作设备特殊结构的标志。标识清晰、准确、统一是保证用电安全的重要因素。

加强对电气设备的维护，确保其安全运行，合理使用。对于电气设备的启动、停止、运行要严格执行电气设备管理制度。巡视检查运行中的电气设备，必须严格遵守《电气安装规程》。工作人员应酌情用量、看、摸、听、嗅的方法，掌握电气设备的运行情况，以便及时发现问题，处理隐患。电气设备严禁在过载、超温、超速和无保护的情况下强制运行。

工作人员应充分利用停车时间，对电气设备清擦、除尘、检查、维护、专检。对电气设备进行检修时，应把各方面的电源完全断开，禁止在只经开关断开电源或只经换流器闭锁隔离电源的设备上工作。应拉开刀闸，使各方面有一个明显的断开点。若无法观察到停电设备的断开点，应有能够反映设备运行状态的电气和机械等批示。与停电设备有关的变压器和电压互感器，应将设备各侧断开，防止向停电检修的电气设备反送电。在电气设备上进行工作时，应悬挂"有人工作，禁止合闸"警示牌和装设遮拦，防止意外发生。

根据某些电气设备的特性和要求，应采取特殊的安全措施。安装电气设备，前提是保证质量，并符合消防安全相关要求。应使用合格的电气设备，不得使用损坏的开关、灯头和电线。电线接头应按规定连接牢固，并用绝缘胶带包好。拧紧柱头和端子接线上的螺钉，防止因接线松动而导致接触不良。

第五章 实验室安全基本技能

第一节 实验室消防安全

实验室一旦发生火灾，往往造成巨大的人员、财产损失，且难以扑救。导致实验室发生火灾的因素有很多，如实验室大功率用电设备的不合理使用，易燃易爆化学品储存不当等都可能出现火情。实验室防火不仅是消防工作的重点，而且是实验人员综合素质的体现。实验室是防火重点单位，应对实验人员进行全面、科学的消防安全知识教育。

一、火灾的发展过程

实验室火灾从开始到熄灭可以分成初起阶段、发展阶段、猛烈阶段和熄灭阶段。

（一）初起阶段

初起阶段是指火灾发生后几秒的一段时间。该阶段燃烧面积小，火势并不大，周围物体开始升温，温度缓慢上升，但呈现上升趋势。初期是灭火的最佳时机，一旦失火，火势就会蔓延，造成人员和财产的严重损失。

（二）发展阶段

发展阶段是指随着燃烧强度的增加，气体对流增强加剧燃烧，燃烧面积迅速扩大。因为火灾时间长，这个阶段需要投入大量的消防力量才能把火扑灭。

（三）猛烈阶段

猛烈阶段是指燃烧区域扩大，释放大量热能，导致火场温度急剧上升，燃烧进一步加剧，火灾达到剧烈程度的阶段。由于此时火势非常凶猛，且伴随着大量的有毒气体释放，这一阶段也是火灾最难以扑救的阶段。

（四）熄灭阶段

熄灭阶段是指火场的火势被控制以后，由于灭火材料的作用或可燃物已经烧尽，火势渐弱直至彻底熄灭的阶段。

二、火灾的分类

根据可燃物的种类以及燃烧特性，可以将火灾分为五类。

（一）A 类火灾

A 类火灾是指含碳固体可燃物引起的火灾，如木质桌椅家具、棉麻布料、普通纸张等燃烧的火灾。

（二）B 类火灾

B 类火灾是指可燃液体引起的火灾，如汽油、煤油、柴油、甲醇、乙醇、乙醚、丙酮等燃烧的火灾。

（三）C 类火灾

C 类火灾是指可燃气体引起的火灾，如煤气、天然气、液化气、氢气、甲烷等燃烧的火灾。

（四）D 类火灾

D 类火灾是指可燃金属引起的火灾，如锂、钠、钾、镁、铝镁合金等燃烧的火灾。

（五）E 类火灾

E 类火灾是指带电物体燃烧的火灾。

三、灭火方法

一般采用破坏可燃物燃烧的条件，来实现灭火的目的。灭火通常有四种方法。

（一）冷却法

根据可燃物的燃烧必须达到一定温度的原理，灭火剂可以直接喷在燃烧物的表面，使可燃物的表面温度低于燃点，使燃烧停止下来，从而达到灭火的目的。例如，用消防用水灭火的方法。

（二）窒息法

减少火灾现场燃烧区域内的氧气量，防止空气流入燃烧区域或用不易燃烧的物质替代空气，使大火因缺少氧化剂而自动熄灭。例如，可采用防火毯、湿被子、石棉等不易燃烧的材料隔绝可燃物，用沙子覆盖，喷射氮气、二氧化碳等不支持燃烧的气体，封闭空间等办法。

（三）隔离法

分离燃烧物与未燃烧物，限制燃烧范围。如设置隔离带，阻断火势蔓延通道；从燃烧区转移可燃、易燃易爆物品；关闭可燃气体、液体管道阀门；堵截流散的可燃液体；严禁可燃、易燃易爆物品进入火灾现场；拆除火场附近的可燃、易燃装置。

（四）抑制法

化学灭火剂参与燃烧反应过程，使燃烧过程中产生的自由基消失，形成较为稳定的分子或低活性的自由基，使燃烧停止。如干粉灭火剂、卤素灭火剂等的使用。

四、灭火器的选用

（一）灭火器的选择

灭火器是一类常见的、可移动的灭火工具，由筒体、器头、喷嘴等部件组成，利用驱动压力可将内部的灭火剂喷出，实现灭火的目的。灭火器具有结构简单、操作方便、轻便灵活、灭火迅速、使用广泛等优点，是能将火灾消灭在初起阶段的重要器材。

灭火器的种类繁多，较为常见的灭火器分为水基型灭火器、干粉型灭火器、二氧化碳灭火器、洁净气体灭火器四类。使用灭火器进行灭火时，应根据不同的火灾类型，正确选择灭火器的类型，才能有效地扑救不同种类的火灾，达到预期的效果。如二氧化碳系列灭火器可适用于扑灭油类、易燃液体、可燃气体、电器和机械设备等的初起火灾。

（二）灭火器的使用方法

手提式灭火器的使用方法：拿起灭火器后，首先拔掉保险销，一只手握住胶管前段，对准燃烧物，另一只手用力压下压把，使得灭火剂喷出，将火扑灭（如图5-1所示）。

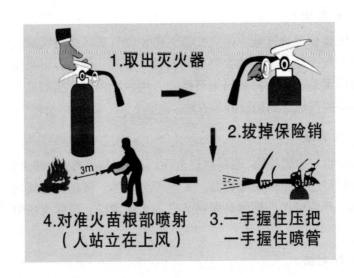

图5-1　灭火器的使用方法

实际使用灭火器时，应特别注意以下细节。在室外灭火时，应站在上风的位置，并注意观察火情，随时发现风向的新变化。这样既有利于灭火，又能保护个人安全。保持一定的灭火距离，做好安全防护，避免受到不必要的伤害。灭火器应根据实际情况拉开一定距离，边向前喷射边移动，迅速扑灭火灾。灭火时应在火源根部喷射灭火器，切断燃烧物与氧气的联系。用灭火器扑灭液体火灾时，不能直接冲击液体表面。一旦液体表面受到冲击，会发生液体喷溅，液滴会形成新的火点，导致燃烧区域范围扩大化，加重火情。

（三）灭火器的维护和检查

灭火器应放置在易发现、通风、阴凉、干燥、无腐蚀的位置，要保证火灾发生时能迅速找到灭火器。不可以让灭火器长时间在日光下暴晒，日光的直接照射可能会造成气瓶内气体受热膨胀，发生漏气现象。此外，灭火器只能在扑灭火灾时使用，没有火情时不得擅自开启使用，更不能挪作他用。灭火器在有效待用期间内，应由专人进行检查，保证灭火器能在火灾发生时安全使用。

五、火灾事故的预防

在化学实验中，常常使用乙醇、乙醚和丙酮等大量易挥发、易燃烧的有机溶剂，操作不谨慎会引起火灾事故。所以在实验前，一定要做好对仪器设施检查的工作，确保气密性良好；在对挥发性的易燃溶剂进行处理时，要保证远离火源，同时防止电火花出现。一般情况下，实验室内不得贮存大量易燃易爆物。

六、实验室火灾注意事项和应对措施

（一）火灾发生时的注意事项

（1）头脑始终保持冷静，不要慌。如有可能，应切断电源或关闭实验室。关闭燃油供应阀，清除周围易燃物。

（2）发生小型火灾时，应寻找合适的灭火设备，开启灭火器对准火源，快速灭火。为防止火灾失控，应随时做好疏散工作。

（3）发生重大火灾时，迅速疏散现场，拨打火灾报警电话，告知火灾详细地址、燃烧类型、联系电话、火灾报警人员姓名，并迎接和引导消防车尽快到达现场。

（4）从火灾现场逃生时，如有浓烟，应匍匐离开。衣服着火时不要乱跑，马上把衣服脱下来。

（5）以较低的姿势靠墙撤离，并关上身后所有的门。不要在没有后援人员的情况下进入有火情的房间。如果房门的上部发热，这个时候不要打开房门。

（6）尽量转移装有气体或液化气的钢瓶到安全区域。

（二）紧急状况下的应对措施

1. 对小火的反应

（1）通知其他人，大声呼救，寻求更多帮助。

（2）正确使用灭火器材，对准火焰底部喷射灭火剂，快速灭火。

（3）灭火时，面朝火势，背对着消防通道。如有必要，可利用消防通道及时逃生。

（4）用湿毛巾捂住嘴和鼻子，以免吸入毒烟。

2. 对大火的反应

（1）立即拨打火警电话报警，有序疏散实验室人员，安全转移。

（2）封闭火势蔓延的通道，以阻止火势的发展。

（3）疏散过程中禁止使用电梯，要走专用的消防通道。除救援人员外，其他人不得在火场逗留。闲杂人员不得在火场附近围观，阻碍救援。

（4）火灾现场应留有经验丰富的人员参与救援。

（5）未经上级部门指示，任何人不得擅自返回火灾现场。

第二节　实验室用电安全

一、用电常识

在实验室中正确使用插座是安全用电的重要内容。插座有两孔、三孔、四孔等几种不同的类型，适用于不同的用途。

（一）两孔插座

两孔插座一般用于小型的单项电器，电压为 220V。两孔插座用于两芯插头使用，通常都是 10A，所承受的电器功率相对较小，功率应控制在 2200 瓦以下。

（二）三孔插座

三孔插座一般用于带有金属外壳的电器和精密仪器，电压为 220V。三孔插座分别为带电线、中性线和地线。三孔插座有 10A 和 16A，16A 的三孔插座可以承受 3500W 以内的大功率。三孔插座多用于大功率电器，其中两个并列的为左零右火，另一个插孔在插座上接地，插头上相应的插脚连接在电器外壳上。

（三）四孔插座

四孔插座主要用于供电。四孔插座中有三个是相线，一个是中心线。火线与中心线之间的电压为 220V（相电压），火线与火线之间的电压为 380V（线电压）。为仪器配置插座时，必须考虑功率匹配问题。电源插座一般标有最大允许通过电流，不得将小电流插座配置为大功率带电器，以免使插座过热、短路、烧坏而引起火灾。实验室使用的 220V 交流电是从三相电的每一相中分组供电（即每相提供几个试验台）获得的，因此应考虑电器的分布。三相电的平衡，尽量使同一实验室的二根相线上的负载平衡。此外，还要注意每相上的设备总功率不可以超过电源线的额定功率。

二、使用仪器时的用电常识

（一）使用仪器时必须注意电压匹配

实验室提供的电压是否与仪器要求的工作电压相同。如果不同，则必须使用变压器来调整电压，使它们能够相互匹配。

（二）精密仪器对电源一般要求较高

电压的不稳定会影响仪器的精度。电源电压的不稳定会造成电流大小的误差，尤其在精密器件中，电源误差不仅会有损坏器件的可能，还有可能产生误动作（常见于数字电路中），低电压的器件对电压很敏感，需要很好地稳压输出，所以需要配用交流稳压电源。

（三）计算机类的数字化仪器对电源要求更高

一般需要配备线式电压调节器，有条件的还应配备不间断电源。随着计算机系统处理的数据越来越庞大，工作速度越来越快，对电能质量的要求也越来越高。例如，毫秒级的停电对照明系统等常见电气设备不会造成重大影响，但对计算机系统而言，轻则数据丢失，重则死机。

（四）大型用电器

如大功率电机启动时电流很大，容易造成电源三相间的不平衡或对同一线路中其他仪器造成冲击，产生不利影响。所以出于用电安全考虑，应采取降压启动方式，即在低压条件下使电机缓慢启动，逐渐升压到正常。

（五）铺设绝缘材料

在用电较多的实验室的地板和工作台上放置绝缘胶板，这是明智之举。规范管理绝缘胶板，加强对绝缘胶板接合部的管理，对实验室重点部位进行绝缘胶板使用。根据实际情况，制定切实可行的绝缘胶板使用规范，保证实验室电气设备安全平稳运行。

（六）开关安装在火线上

需要安装开关的仪器或线路，开关一定要安装在火线上。把开关接在零线上本身就存在一些安全隐患，只有把开关接在火线上，才能保证开关断开以后用电器不带电，如果接在零线上，开关虽然断开了，但是火线仍然与电器连通，当使用者不小心接触到电器时就有可能发生触电的危险。

三、用电注意事项

（一）检查线路

实验室工作人员应经常检查实验室的供电线路。一旦发现线路绝缘老化或部分裸露，应立即更换线路。注意电源线远离高温源，防止过热引起的绝缘皮老化或绝缘能力下降的风险。

（二）插头与插座要匹配

单相电气设备，特别是移动电气设备，应采用三芯插头和三孔插座。在三孔插座上有一个特殊的保护接零（地）插孔。采用零连接保护时，应将零线从电源端引出，而不是从距离插座最近的零线引出。当电源零线断开，或火（相）线与电源零线反向连接时，外壳等金属部件也会与电源电压相同，造成触电事故。因此，接线时应将专用接地插孔与专用保护地线连接，地线不得与电网的零线连接。

（三）接地保护

使用四孔插座时，必须保证中心线绝对可靠，不出现短路现象，否则会造成三相电源不平衡或电气事故。三相四线制电路应采用接地保护，即在三相、四线低压电路的电源中性接地点处，将电气设备的金属外壳与中性线连接。这样，当电气设备的一个相的绝缘被损坏而与外壳接触时，形成一个相短路，该相的保险丝熔断，能迅速切断电源，不会造成危险。

（四）人不离岗

在使用电器时，实验人员不可以离开电器，应注意电器的运行情况。一旦出现异响、异味、火花、冒烟等现象，必须立即停机。在查明原因后，排除故障，可继续使用。使用电器后要记得切断电源，拔掉电源插头。

（五）保护器安装合适的熔丝

实验室中需直接测量强电的参数或使用自耦变压器时，应使用隔离电源，与电网断开，防止触电事故发生。漏电保护器要经常试跳，以防止工作不正常。

需要注意的是，还应装上合适的熔丝作为补充手段。漏电保护器只在线路有漏电情况时才会起保护作用，并不参与过载或短路保护。当出现过载或短路的情况，熔丝的熔断机制就会保护电路安全。

（六）正确选择和安装电器

各种电器都有一定的使用范围，不要混用。电器的安装应按操作规程逐步进行，不能为了图方便就省略操作规程。任何不正确的安装行为均要立即予以纠正。

（七）遵守操作规程，合理使用各种安全用具

检修电路时，应先拉开总开关，要有警示，然后进行操作。在停电时必须进行带电作业，注意合理使用各种安全工具（如试电笔、绝缘鞋等），确保人体对地具有良好的绝缘性，并尽量单手操作，防止触电。

（八）防止部分绝缘损坏或受潮

为防止电线损坏，不要将电线挂在钉子上；不要用电线钩住某物；不要用电线将两根电线绑在一起，拉动电线等。不要用湿手或物体接触电源。不要用湿布擦拭电线或仪器上的灰尘，以免电线受潮。

（九）正确应对电气火灾

当发生电气火灾时，首先要切断电源。切断电源以后，尽快用水或灭火器灭火。如果需要在不断电的情况下控制火灾，就必须使用不导电灭火剂来灭火，不能使用水或泡沫灭火器灭火，而应使用干粉灭火器和二氧化碳灭火器等含有不导电灭火剂的灭火器。

（十）铺设防静电地板，使用专用插座

每台计算机应配备一个专用插座，以尽量减少临时插板的使用。没有防静电地板的机房，电源线必须用绝缘线管或线槽保护。供电线路和插座不能明铺在地面上，防止人员因意外与供电线路触碰绊倒，而发生触电事故。

第三节 实验室机械设备使用安全

一、实验室机械设备安全概述

机械是机构和机器的总称。机构是各组成部分间具有一定相对运动的装置，如车床的齿轮机构、走刀机构，起重机的变幅机构等；而机器是用来转换或利用机械能的机构，如车床、铣床、钻床、磨床等。由机械产生的危险，是指存在于机械本身和机械运行过程中的危险。它可能来自机械自身、机械的作用对象、人对机器的操作以及机械所在的场所等。有些危险是可见的，有些危险是不可见的，有些危险是独立的，有些危险是综合的。因此，必须把由人、机、环境等要素组成的机械加工系统看作一个整体，运用安全系统的观点和方法，识别和描述在对机械的使用过程中可能产生的各种风险，预测风险事件发生的可能性，为安全作业制定相关的机械安全标准，为安全风险评估提供依据。

对于实验室机械设备而言，要求安全工程技术要从更高的认识角度，用安全系统的观念和知识结构去解决机械系统的安全问题。安全问题的对象虽然还是机械，但解决问题的人的认识角度和思维方式已经改变。

机械设备安全是从人的需要出发，在使用机械设备的整个过程的各种状态下，达到使人的身心免受外界因素危害的存在状态和保障条件。[①]当机械设计或环境条件不符合要求时，就有可能出现与人的能力不协调的情况。为了最大限度保护机械设备和操作人员的人身安全，避免恶性事故的发生，减少损失，需要系统地提供高度可靠的安全防护保障机制。

实验室安全防护保障机制包括以下三个部分。

（一）机械安全教育机制

应帮助操作人员掌握安全知识，理解各种机械设备的安全操作规程，树立机械安全和环保意识。如工程训练课程坚持执行的 5 级安全教育模式，即安全动员、安全报告、安全指南、实验项目安全教育和操作设备前现场安全教育。

---

① 敖天其，廖林川 . 实验室安全与环境保护 [M]. 成都：四川大学出版社，2015：104.

（二）机械安全保护机制

通过实验室和机械设备的安全保护装置，从技术层面上降低事故发生的概率，减少事故风险。

（三）机械安全事故应急处理机制

通过正确快速的应急处理，最大限度保障实验人员的人身安全，并降低事故造成的经济损失。

二、实验室机械类事故产生的原因

机械类事故产生的因素主要存在于机器设备的设计、制造、运输、安装、使用、报废、拆卸以及处理等多个环节的安全隐患当中。机械类事故往往是多种因素共同作用的结果。

从实验室危险源来看，可以从物的不安全状态、人的不安全行为和安全管理缺陷找到具体原因。

（一）物的不安全状态

物的安全状态是保证机械安全的重要前提和物质基础。物的不安全状态将构成实验中客观存在的安全隐患和风险，是事故发生的直接原因。如机械设备本身设计不合理、不规范，不符合要求，不能满足人机安全标准，计算误差大，安全系数不达标，使用条件不充分；制造零件质量不高，偷工减料，质量低劣；运输和安装过程中的野蛮作业使得机械设备及其零部件受损而留下隐患。

（二）人的不安全行为

在机械设备使用过程中，人的行为容易受到生理、心理等因素的影响。缺乏安全意识和安全素质低下等不安全行为是造成事故的主要因素。人的不安全行为集中表现在工作习惯上，如工具乱丢乱放，站在工作台上装卡工件，测量工件时不停机，越过旋转刀具拿物料，随意攀越大型设备等。

（三）安全管理缺陷

安全管理包括安全意识、对实验人员的职业安全培训、对危险设备监督和管理、安全规程的实施等。安全管理缺陷带来的高风险同样对事故的发生有着推波助澜的作用，可以说是实验室事故发生的间接原因。

三、实验室机械安全防护措施

（一）安全操作的主要规程

要避免机械类实验时发生事故，不仅需要机械设备自身满足安全要求，而且要求实验人员严格遵守安全操作规程。虽然各种机械设备的安全操作内容各异，但基本安全规程原理上是相通的，因此以下规程适用大多数机械设备的安全操作。

1. 开机前的安全准备

（1）正确穿戴好个人防护用品。操作人员必须按照安全要求穿戴，根据需要调整着装。如进行机械加工时，操作人员应佩戴工作帽；进行机床作业时，操作人员则不能戴手套。这是为了防止旋转的工件或刀具将头发或手套绞进去，造成人身伤害。

（2）机械设备状态的安全检查。进行机械类实验前，应空车运转设备，进行全面安全检查，在确认一切正常后才可进行实验操作。需要注意的是，实验室禁止机械设备带故障运行。

2. 机械设备工作时的安全规范

（1）正确使用机械安全装置。实验人员必须按照有关规定，正确使用仪器和设备上的安全装置，不得随意拆卸这些装置。如车床的安全保护器，必须将专用卡盘扳手插入后再开动车床，不得用其他物件替代使用。

（2）工件及工夹具的安装。在实验操作中，随时观察有紧固要求的物件，如正在加工的刀具、工夹具以及工件等物件是否因机械振动而出现松动。如果有物件出现松动的情况，应立即关机，重新调整，保证牢固可靠后再行开机。

（3）实验人员的安全要求。要严格执行设备使用登记制度，对设备的合理使用进行科学管理。每次使用设备前应当对设备的使用时间、实验人员及使用情况进行精确记录，以便及时、准确掌握设备的运行情况，正确分析设备的完好程度，保证实验过程的安全性。[1]机械设备在运转时，禁止实验人员用手调整设备，进行各种测算、润滑或清扫杂物等工作。如果有必要进行上述操作，应先关机。在设备使用过程中，实验人员必须进行全程看管，发现问题及时处理，以免发生意外。

（4）其他安全事项。在使用设备之前应当对使用人员进行设备使用培训，

---

① 潘越，吴林根.生物类实验室安全管理探索[J].实验室科学,2016,19(03):219.

其中特种设备的使用人员必须到专门机构进行特种设备使用培训并进行考核，取得上岗证后才可以对设备进行操作。

实验后，先关闭机械设备的电源开关，将工件和刀具从工作位置退出，与零件、工夹具等物件整齐摆放在合适的位置，对机械设备进行润滑处理，并打扫卫生、清理实验室。离开前，再次检查实验室电源和门窗状况，做到不留隐患。

（二）常见的安全装置

机械设备在设计时会根据其工作特点选择适合的安全装置。按照控制方式或作用原理，机械安全装置通常分为以下几种类型。

1. 固定安全装置

此类装置多用于防止操作人员接触设备的危险部件，应满足机械设备的运行环境和条件等方面要求，符合国家标准或行业规范。如与危险部件保持一定距离且牢固可靠，预留出足够的运转空间和进出口等。这种装置提供最高标准的安全保护。当机器正常运行不需要操作者进入危险区域时，应尽量使用固定安全装置。

2. 联锁安全装置

这种装置的工作原理是，在安全装置关闭之前，机械设备不会工作。只有当危险完全解除时，才可开启和使用。该装置的工作形式通常是机械、电气、液压、气动或组合等多种形式。

3. 自动安全装置

当实验人员的身体或者衣物误入危险区域时，自动安全装置可以令设备停止工作，确保实验人员的人身安全。如当有衣物靠近车床传动丝杠时，车床将自动停止。当实验人员的手部进入冲床区域时，自动安全装置检测到信号并立即启动，冲床自动停止工作。

4. 可调安全装置

在做不到对危险区域进行固定隔离（如固定的栅栏等）的情况下，可使用可调安全装置。这类装置要求较高，需要对操作人员进行培训，才能真正起到安全保护作用。

5. 双手控制安全装置

此类装置迫使操作人员要用双手同时操控，仅对操作人员而不能对其他非操作人员提供保护。双手控制安全装置的两个控制开关之间保持一定的距离，使得每一次操作只能完成一次工作。若需要再次运行，则双手要再次同时按下。

6. 跳闸安全装置

如果操作人员的行为接近危险点，机械设备会自动停止或反向运动，避免实验人员受到伤害。此类装置要求设备上安装敏感的跳闸系统，并可以做到迅速停止。

（三）附加预防措施

附加预防措施主要包括与紧急情况有关的措施和若干补充预防措施，以提高机械设备的操作安全。

1. 急停装置

为方便实验人员迅速关机，实现紧急避险，机械设备应配备若干个急停装置。当出现异常状况时，实验人员能够快速接近并完成手动操作。这样可以尽快控制危险因素，避免出现更大的危害。急停装置启动后应保持关闭状态，直至手动解除急停状态。急停后并不一定能解除危险，也不一定能止损，仅是一种能避免危害扩大化的紧急措施。急停装置应安装在明显的地方，以方便识别。

2. 避险和救援保护措施

在可能使操作人员陷入各种危险的设备上，应备有逃生通道和必要的屏障。当危险发生时，操作人员可以采取措施及时避险。机械设备应有断开电源的技术措施和释放剩余能量的措施，并保持断开状态，以及当机器停机后可用手动操作的办法来解除断开状态等基本功能。

3. 重型机械及其零部件的安全搬运措施

一些大型重型机械或零部件由于体积大、重量多，无法使用人力搬运。遇到这种情况，除了应在机械和零部件上标明重量外，还应装有适当的附件调运装置，如吊环、吊钩、螺钉孔以及方便叉车定位的导向槽等。

第四节　实验室安全事故应急预案

在安全评价的基础上，针对具体的设备、设施、场地和环境，制定合理的应急预案，以减少事故造成的人身、财产和环境等方面的损失。制定安全事故应急预案是实验室安全管理的重要组成部分。应急预案是对事故发生后的应急救援机构和人员、应急救援设备、设施、条件和环境等进行评估，事先制定出科学有效的计划、行动方案、事故发展的控制方法和程序等。

一、实验室安全事故应急处理原则

（一）人员的应急救援和疏散

坚持"以人为本、安全第一"的原则，要把人民群众生命安全和身体健康放在第一位。抢救伤者是应急救援的首要目标。当事故发生后，应遵循及时、有效、有序以及最大程度降低伤害的原则，实施现场急救与安全转移伤者。对于其他现场人员，则应采取措施进行自身防护，组织现场人员有序撤离到安全区域，进行安全疏散。

（二）危险源与场地的控制

应急救援工作的宗旨是及时控制事故危险源，有效降低危险源的危害性。在保证人员生命安全的前提下，全力防止事故的扩大化，降低事故造成的损失。如切断实验室总电源，关闭燃气管道，关闭事故相关设备等，对事故产生的易燃易爆物质、有毒物质以及可能危害人和环境的物质，要及时采用科学方法清理现场，消除安全事故后果，减少损失，避免事故危害扩大化。

二、实验室安全事故应急预案

实验室安全事故应急预案是发生安全事故后，减少次生事故及损失的重要保障。为有效降低安全事故的危害，应该提前将实验室安全事故应急预案准备就绪。应急预案包括以下内容。

（一）制定应急响应内容

根据国家有关法律法规和实验室客观实际情况，建立应急处理机构，分级制定应急预案内容，保证应急预案能够及时有效的应急响应，切实可行。明确应急各方的责任和响应程序，准确、快速地控制事故的发展。

（二）做好风险分析

在对危险因素辨识，事故概率和隐患分析评价的基础上，确定实验室潜在的事故危险源，制定可能的事故处理原则、主要操作程序和要点，对突发事故进行应急指导。

（三）开展应急能力评估

开展应急人员、应急设施、应急物资、应急控制等应急能力评估，包括实验室门锁、水、电的开启或关闭，提高应急行动的速度和效果。实验室安全应急预案的建设，是实验室安全管理工作的重要内容之一，设计、制定具有全面、细致、反应迅速、措施得当的实验室安全应急预案在实验室出现安全隐患或者事故发生时，能根据应急预案，迅速调动相关职能部门、工作人员采取处置措施，在最短时间内做好实验室安全事故的处置工作，力争在最大程度上减少人员及财产损失，将事故影响控制在最小范围内。[①]

（四）应急模拟演练系统

如何强化重大事故应急演练机制，用开放式演练模式取代脚本式的绩效演练模式，积累应急演练经验，找出应急体系中存在的薄弱环节，是当前应急体系建设亟待解决的问题。应急模拟演练系统通过对各种灾害的数值模拟和对人类行为的数值模拟，模拟虚拟空间中灾害发生和发展的过程，可在演练过程中根据事故发生过程和变化情况快速做出反应，高度接近真实的应急处置过程。在此基础上，制定实验室数字化应急预案。应急模拟演练系统可用于培训各级决策指挥人员和事故处置人员，发现应急过程中存在的问题和设计缺陷。通过应急模拟演练系统，有效评估应急预案的合理性，检验应急措施的可操作性，提高指挥决策和协同配合能力，帮助演练人员掌握应急职责和程序任务，提升应急处置能力和应急管理水平。

第五节　实验室安全事故急救措施

一、玻璃划伤急救措施

在进行实验时，有时玻璃仪器会意外碎裂，导致实验人员被玻璃划伤。玻璃划伤是进行涉及玻璃仪器使用的实验过程中比较常见的物理伤害。如果只是一般的轻伤，可以迅速挤出污血，用消毒镊子除去玻璃碎片，然后用蒸馏水冲

---

① 邵凯隽，孟军，王世泽，等. 高校实验室安全管理常效保障体系的构建[J]. 实验室研究与探索,2016,35(10):302.

洗伤口，涂抹碘酒或红药水，用绷带或使用创可贴包扎。如果是大伤口（动脉损伤），要立即包扎伤口上部，用绷带扎紧，压迫动脉，迅速止血，并立即送往医院救治。

二、烧伤急救措施

在实验中，由于各种原因，实验人员可能会被明火烫伤烧伤。一旦出现烫伤烧伤，如果伤口上有衣服或棉袜，先用冷水冷却伤口，再小心地脱下附在伤口上的衣物，以免皮肤撕裂形成水泡，然后，用干净的吸水布处理伤口表面的水，并涂上消毒药品，最后用医用纱布或消毒药布进行包扎处理。包扎时要注意保持伤口处通气，这样可以抑制厌氧细菌（破伤风）的繁殖。

当烫伤或烧伤出现水泡时，用一根消毒针刺破水泡，让水泡中的组织液流出。如果水泡在处理前就破了，可以直接使用医用消毒棉球对伤口进行擦拭，保持干净，并涂上抗菌消炎膏，避免感染。保持伤口清洁干燥，避免水污染后感染。如果伤口处理两三天后疼痛状况仍然没有减轻，而且出现发炎加剧的征兆（红肿），要立即前往医院治疗，防止感染加重。

三、腐蚀品灼伤急救

化学腐蚀品对人体有腐蚀作用，容易引起化学灼伤。与一般火灾的烫伤烧伤不同，腐蚀品造成的灼伤刚开始并不会出现明显的疼痛感，很难发觉。但当发现伤口时，人体组织已经被灼伤。因此，对触及皮肤的腐蚀品，应及时采取急救措施。

（一）化学性皮肤灼伤

对于化学性皮肤灼伤，应立刻离开现场，迅速脱去受到污染的衣物等，并用大量清水冲洗创面 20 ～ 30min（强烈的化学品要更久）来稀释腐蚀品，防止机体继续受损以及腐蚀品通过伤口进入人体。创面不要随意涂抹油膏或红药水、紫药水，不可以用未经消毒的布料包裹。

硫酸、盐酸、硝酸都具有强烈的刺激性和腐蚀作用。硫酸灼伤的皮肤一般呈黑色，硝酸灼伤呈灰黄色，盐酸灼伤呈黄绿色。被酸灼伤后立即用大量流动的清水冲洗，冲洗时间一般不少于 15min。彻底冲洗后，可用 2% ～ 5% 碳酸氢钠溶液、澄清石灰水、肥皂水等进行中和，切忌未经大量流水彻底冲洗，就用碱性药物在皮肤上直接中和，这会加重皮肤的损伤。处理以后创面治疗按灼伤处理原则进行。

碱灼伤皮肤时，应立即用大量清水冲洗至皂状物质消失为止，然后可用1%～2%醋酸或3%硼酸溶液进一步冲洗。对Ⅱ、Ⅲ度灼伤可用2%醋酸湿敷后，再按一般灼伤进行创面处理和治疗。

（二）化学性眼灼伤

强酸溅入眼内时，立即就近用大量清水或生埋盐水彻底冲洗。冲洗时应将头置于水龙头下，使冲洗后的水自伤眼的一侧流下，这样既避免水直冲眼球，又不会使带酸的冲洗液进入好眼。冲洗时应拉开上下眼睑，使酸不会留存眼内和下穿隆内形成无效腔。如无冲洗设备，可将面部浸入盛满清水的盆内，拉开上下眼睑，摆头的同时让眼球活动，达到洗涤酸液的目的。切忌惊慌或因疼痛而紧闭眼睛，冲洗时间应不少于15min。经上述处理后，立即送医院眼科进行治疗。

眼部碱灼伤的冲洗原则与眼部酸灼伤的冲洗原则相同。彻底冲洗后，可用2%～3%硼酸液做进一步冲洗。

对于化学性眼灼伤，要在现场迅速使用大量清水冲洗。冲洗时将眼皮掀开，彻底洗刷掉眼皮内的化学品残余。需要注意的是，如果是电石、生石灰等颗粒进入眼内，应先用蘸过液状石蜡或植物油的棉签去除颗粒后，才能用清水冲洗。

（三）常见几种腐蚀品触及皮肤时的急救方法

（1）硫酸、发烟硫酸、硝酸、发烟硝酸、氢氧化钠、氢氧化钾、氢化钙、氢碘酸、氢溴酸、氯磺酸、氢氟酸等触及皮肤时，应立即用水冲洗。如果皮肤已经被腐蚀，出现溃烂，应用水冲洗20min以上，再送医救治。

其中，氢氟酸对皮肤有强烈的腐蚀性，渗透作用强，对组织蛋白有脱水及溶解作用。如果皮肤及衣物被腐蚀，先立即脱去被污染衣物，皮肤用大量流动的清水彻底冲洗，继用肥皂水或2%～5%碳酸氢钠溶液冲洗，再用葡萄糖酸钙软膏涂敷按摩，然后再涂以33%氧化镁甘油糊剂、维生素AD软膏或可的松软膏等。

（2）皮肤被黄磷灼伤时，及时脱去污染的衣物，并立即用清水（由五氧化二磷、五硫化磷、五氯化磷引起的灼伤禁用水洗）或5%硫酸铜溶液或3%过氧化氢溶液冲洗，再用5%碳酸氢钠溶液冲洗，中和所形成的磷酸。然后用1∶5 000高锰酸钾溶液湿敷，或用2%硫酸铜溶液湿敷，以使皮肤上残存的黄磷颗粒形成磷化铜。需要注意的是，黄磷灼伤创面可用湿毛巾包裹，禁用含油质敷料，否则会造成磷中毒。

（3）盐酸、磷酸、偏磷酸、焦磷酸、乙酸、乙酸酐、氨水、次磷酸、氟硅酸、亚磷酸等触及皮肤时，立即用清水冲洗。

酚与皮肤发生接触时，应立即脱去被污染的衣物，使用10%酒精反复擦拭，再用大量清水冲洗，直至无酚味为止，然后用饱和硫酸钠湿敷。灼伤面积大，且酚在皮肤表面滞留时间较长者，应注意是否存在吸入中毒的问题。

（4）无水三氯化铝、无水三溴化铝等触及皮肤时，可先干拭，之后用大量清水冲洗。

（5）甲醛触及皮肤时，可先用水冲洗，再用酒精擦洗，最后涂擦甘油。

（6）碘触及皮肤时，可用淀粉（米饭也可以）涂擦。

四、危险化学品急性中毒急救

若有人因沾染皮肤中毒，应迅速脱去受污染的衣物，并用大量流动的清水冲洗至少15min。面部受到毒素伤害时，要先注意对眼睛部位进行冲洗。若有人发生吸入中毒，应立即离开中毒现场，转移到上风方向，安置在空气新鲜处，松开衣领保持呼吸畅通。如呼吸困难，应供给输氧（如有适当的解毒剂应立即使用），必要时进行人工呼吸，尽快就医。若为口服中毒，有毒物为非腐蚀性物质时，可用催吐的方法使其将有毒物吐出来。误服强酸、强碱等腐蚀性物品时，催吐可能会导致消化道黏膜、咽喉受到二次灼伤。这时可服用牛奶、蛋清、豆浆、淀粉糊等。此时既不能洗胃，也不能服用碳酸氢钠，因为反应会产生大量气体，引起胃穿孔。

现场如发现中毒者出现心跳、呼吸骤停症状，应立刻实施人工呼吸和胸外心脏按压，使其维持呼吸循环。对于脱掉潮湿衣物的伤者，要利用一切可以利用的工具，如电热毯、热水袋、热水瓶、棉被或救援人员的衣物，帮助伤者保暖，维持体温恒定。

在现场紧急处理后，要立刻将伤者送到医院接受专业治疗。护送伤者时，应保持伤者呼吸顺畅，在护送途中，多关注伤者的身体状况，随时准备急救；护送途中要注意车厢内通风，以防伤者身上残余毒素挥发造成更大的破坏。

五、触电急救

触电急救要迅速，不能拖延时间，应立即就地进行抢救，并坚持不断地进行，不能轻易放弃救治。同时，应尽快与医疗部门取得联系，获得医务人员专业救治帮助。

（一）抢救原则

（1）若触电者未失去知觉，或只是一度昏迷后恢复知觉，应继续保持安静，观察 2～3h，并请医生治疗。尤其是对触电时间较长者，必须注意观察，以防意外。

（2）要有信心可以救活触电者。由于触电者大部分是处于休克状态中，只要抢救及时、得法，其中大部分人可以救活。

（3）要一直坚持抢救，直到触电者苏醒，或以医生判断临床死亡为止。

（4）急救动作要快速有效，救治办法要科学正确。

（二）抢救方法

1. 脱离电源

触电急救的第一步是使触电者迅速脱离电源，因为电流对人体的作用时间越长，对生命的威胁越大。

（1）脱离低压电源的方法

脱离低压电源可用"拉""切""挑""拽""垫"五字来概括。

拉，指的是就近拉断电源开关。但应注意，普通的电灯开关只能断开一根导线，有时由于安装不符合标准，可能只断开零线，而不能断开电源，人身触及的导线仍然带电，这时不能认为已切断电源。

切，指的是用专用工具切断导线。当电源开关距触电现场较远或断开电源有困难时，可用带有绝缘柄的工具切断导线。切断导线时，应防止带电导线断落触及其他人，造成次生灾害。

挑，指的是用绝缘材料工具挑开导线。当导线搭落在触电者身上或压在身下时，可用干燥的木棒、竹竿等挑开导线，或用干燥的绝缘绳套拉导线或触电者，使触电者脱离电源。

拽，指的是救援人员可戴上手套或在手上包缠干燥的衣物等绝缘物品拖拽触电者，使之脱离电源。如果触电者的衣物是干燥的，又没有紧缠在身上，不至于使救援人员直接触及触电者的身体时，救援人员才可用一只手抓住触电者的衣物，将其拉开脱离电源。

垫，指的是在触电者身下垫上绝缘材料。如果触电者由于痉挛，手指紧握导线，或导线缠在身上，可先用干燥的木板塞进触电者的身下，使其与地绝缘，然后再采取其他办法切断电源。

（2）脱离高压电源的方法

由于电源的电压等级高，高压电源开关往往距离现场很远，难以及时拉闸。因此，使触电者脱离高压电源的方法不同于脱离低压电源的方法。

发现人员触电后，立即电话通知有关部门拉闸停电。如果电源开关离触电现场不太远，可戴上绝缘手套，穿上绝缘鞋，使用相应电压等级的绝缘工具拉开高压跌落式熔断器或高压断路器。抛掷裸金属软导线，使线路短路，迫使继电保护装置动作，切断电源，但应保证抛掷的导线不触及触电者和其他人。当进行触电急救时，要记住触电者从电线上接触了电流并从他本身通过电流，他自己就是一个导体，直接接触与触电一样危险。

2. 救护工作

现场救护触电者脱离电源后，应立即将其就近移至干燥通风处，再根据情况迅速进行现场救护，同时应通知医务人员到达现场。

（1）现场救护办法

触电者身体情况不严重。如触电者只是有些心慌、四肢发麻无力，但神志清醒；一度昏迷，但未失去知觉。可让触电者静卧休息，留人观察，同时联系医院救治。

如果病人失去知觉，心脏仍在跳动，有呼吸，应使其舒适、安静地平卧，周围的人不要观看，保持空气流动通畅，解开衣服方便呼吸，还可给他闻氨水的味道，搓全身使其发热，同时注意保温。

若发现触电者呼吸困难，出现抽筋现象，有呼吸衰竭倾向，应在其心脏停搏或呼吸停止时，开展人工呼吸或进行体外心脏按压，进行急救。

触电者受伤严重已经濒危。触电者心脏停止跳动，呼吸停止，瞳孔放大，神志不清，应立即用心肺复苏术（通畅气道、人工呼吸、胸外心脏按压）进行全力抢救。

若触电者带有外部出血性外伤时，应及时包扎止血，并简单消毒处理伤口，立即送医急救。

（2）注意事项

救援人员应在确认触电者已与电源隔离到一定安全范围以外，同时救援人员本身所涉环境内无触电危险时，才可以与伤员接触，进行抢救。

抢救中，不能随意移动伤员，这样可能会加重伤情。若有必要移动时，要让伤员在担架上保持平躺姿态，背部垫上阔木板固定，防止其身体蜷曲，同时继续救治。

在医务人员未接替抢救前，现场救援人员不能停止抢救。任何药物都不能代替人工呼吸和胸外心脏按压，药物的吸收需要时间，但在抢救过程中最缺的也是时间，对触电者是否用药或注射针剂，应由经验丰富的医务人员确定诊断后来决定。

在抢救过程中，要每隔数分钟再判定一次，每次判定时间均不得超过七秒。做人工呼吸要有耐心，尽可能坚持抢救四个小时以上。坚持抢救，不能放弃，只有具有职业资格的医生才有权做出伤员死亡的诊断。如需送医院抢救，在途中也不能中断急救措施。

第六章 实验室废弃物处理

第一节 实验室废弃物处理概述

实验室废弃物含有多种有毒物质，直接排放会严重污染环境。实验室废弃物的排放受到法律法规的限制，特别是化学物质。由于许多实验室废弃物会以某种形式危害人们的健康，因此从防止污染的角度来看，即使是少量的实验室废弃物也必须妥善处理，以避免有毒物质排放到水、陆地或大气中。

一、实验室废弃物处理原则

实验室废弃物处理原则必须要确保废弃物排放安全，防止爆炸、燃烧，减少环境污染。排放废弃物要尽可能进行无害化处理，并要按国家的有关法律法规进行废弃物处理。

通常实验室进行废弃物处理时，会遵循原则，照章办事，做到有理有据。处理原则主要包括以下几点：一是"谁污染谁治理"的原则，责任落实到个人，实验室废弃物由实验项目专人负责处理；二是分类收集、存放、集中处理原则，对实验室废弃物实行有效管控，防止实验室废弃物扩散，造成更大的污染；三是尽可能减少实验室废弃物的产生量，控制化学药品的使用量，控制污染源头，最大限度减少污染；四是本着废弃物处理和再利用并举的原则，将实验室废弃物"变废为宝"，转化为可利用的资源，努力节约实验成本。

在实验室进行科研实验时，要求实验者在实验开始阶段，就要尽量利用科学方法保障实验过程和结果都朝着有利于实验人员学习研究和人身安全方向发展，避免污染环境。在实验项目的选择上，应充分考虑实验药品的毒性以及实验过程中造成污染的情况。尽可能避免进行那些对环境污染大、毒害严重、后续处理困难的实验项目，要选择那些毒害低、污染小且事后处理容易的实验项目。对无法避免的、必须排放的废弃物，要从其特点入手解决污染问题，做到分类收集、安全存放、详细记录、集中处理。

通常从实验室排出的废液，虽然与工业废液相比在数量上是很少的，但是由于其种类多，加上物质组成经常变化，应由各个实验室根据废弃物的性质，分别加以处理。应专门设立废弃物回收点统一收集，废弃物由社会专门机构定期集中处理。

废液的回收及处理需依靠实验室中的每一个工作人员。所以，实验人员应予足够的重视，必须加深对防止公害的认识，自觉采取措施，防止污染，应避免排出有害物质，以免危害自身或者危及他人。

二、实验室废弃物标记和危害性鉴别

实验室废弃物及其危害性的识别工作，关系到对实验室废弃物的收集、存放、处理的具体实施。了解实验室废弃物的组成及危害性，为有效处理废弃物提供了科学参考。对实验室废弃物的鉴别包含以下几个方面的内容。

（一）做好已知成分废弃物的标记

保持对实验室废弃物的成分进行标记的良好习惯，不错过任何标记的机会。无论数量多少，都要在盛放废弃物的容器上清楚地标明其化学成分、贮存时间以及可能的潜在危害性，为安全处置实验室废弃物提供信息上的便利。

（二）鉴别、评估未知成分废弃物

有些实验室废弃物由于资料缺失，成了未知成分的废弃物。这种情况下，可以通过简单的实验测试来鉴别不明成分的废弃物的危害性。我国颁布了《危险废物鉴别标准》（CB5085.1—1996），规定了腐蚀性鉴别、急性毒性初筛和浸出毒性、危险废物的反应性、易燃性、感染性等危险特性的鉴别标准。对于其他危害性目前还没有制定相应的鉴定标准，鉴定时只能参考国外的有关标准。

（三）废弃物的收集和储存

在实验室废弃物处理过程中，涉及收集和储存的问题需要认真对待，不能草率处置。在废弃物收集和储存时需要注意以下几点。

（1）使用那些专用的储存装置，小心收集处理实验室废弃物，要放置在指定地点，有需要时方便查找。

（2）具有相容性的实验室废弃物可以放在一起，不具相容性的实验室废弃物应分别收集储存。切忌将不相容的废弃物放在一起，否则会引起不可预料的化学反应，造成事故。

（3）制作废弃物标签，将标签牢固地贴在容器上。标签的内容应该包括以下信息：废弃物成分、含量以及危害性，开始存储日期及存储地点、存储人及电话。标签字迹要清晰易辨认。

（4）不要长期储存废弃物，一般情况下不要超过1年。尽快尽早对废弃物进行无害化处理或送相关部门妥善处理，避免废弃物长时间占用空间资源。

（5）对感染性废弃物或有毒有害生物性废弃物，应根据其特性选择合适的容器和地点，由专人进行分类收集后消毒、烧毁。该类废弃物要日产日清，不得存留。

（6）对一些无毒无害的生物性废弃物，也不能作为生活垃圾随意丢弃。实验结束后，将此类废弃物装入专用塑料袋密封后贴上标签并进行详细备注，在规定的地点进行统一存放，之后定期集中深埋或焚烧处理。

（7）回收使用的废弃物容器在清洗干净和检查合格后可继续使用，无法继续使用的废弃容器应按废弃物标准进行处理。

（四）废弃物的再利用及减害处理

对实验室废弃物，应先进行减害处理或回收利用，最终达到实验室废弃物无害化的目的。采取必要措施，减少废弃物的体积、重量和危险程度，以减轻后续工作流程的压力。

（1）回收再利用废弃的试剂和实验材料。对用量大、成分不复杂、溶剂单一的有机废液可采用蒸馏等手段来回收溶剂；对玻璃、铝箔、锡箔、塑料等实验器材和容器也要尽量回收，实现重复利用。

（2）废弃物的减容、减害处理。通过安全适当的方法浓缩废液；利用化学反应，如酸碱中和、沉淀反应等消除或降低其危害性；拆解固体废弃物实现废弃物的减容减量的同时，实现资源的回收利用，降低实验室的运行成本等。

在对废弃物的再利用及减害处理中，坚持安全第一，始终把操作人员的人身安全摆在第一位，注意做好个人防护，避免在处理废弃物时发生意外，导致操作人员受到伤害。

（五）废弃物的正确处置

对于经过减害处理的废气，原则上可以直接排放到大气中；对于经过灭菌处理的生物、医学研究废弃物可按普通生活垃圾来处理；对经过减害处理、重金属元素离子浓度和有机物含量总有机碳（total organic carbon, TOC）达到排放标准的不含有机氯的废液，可以直接排入下水道；其他有害废弃物，如含氯的有机物、传染性物质、毒性物质达不到排放标准的物质等，则需要委托那些有资质的专业废弃物处理团队或机构进行安全处理。焚烧废弃物时，必须取得公共卫生机构和环卫部门的批准，并使用二级焚烧室，温度设置在1 000 ℃以上。焚烧实验室废弃物所产生的灰烬，可按照生活垃圾标准进行处理。

第二节　实验室"三废"处理办法

一、实验室"三废"

实验中产生的废气、废液、废渣合称"三废"。"三废"可造成环境污染，严重威胁生态安全，引发环保危机，因此必须严格遵守国家环境保护工作的有关规定，对"三废"做无害化处理，不得随意排放，不得污染环境。[1]实验室运行中会产生大量废气，要根据废气的理化性质建立相应的废气处理设施，通过吸收、吸附、氧化、还原和分解等方式进行处理。同时，应使用通风设备，以保持实验室内空气清新干净，气流流动顺畅。实验中也会产生大量废液，应将废液装入指定的回收装置进行处理。严禁将废液直接排入下水道，废液只有经过无害化处理后，符合环保标准，才可以排放。实验中还会产生大量有毒害性的废渣，应按照类别进行分开存放和集中处理，禁止将废渣直接排放。对违反环保法规造成环境污染的实验室及个人，将追究其法律责任。

二、处理办法

实验室在运行中不同程度地产生有毒有害废弃物，这些废气、废液、废渣

---

① 林锦明.化学实验室工作手册 [M].上海：第二军医大学出版社，2016：41.

种类繁多，成分也比较复杂，处理难度非常大。如果放任实验室废弃物的排放，会直接污染环境，造成严重的生态灾难，所以必须对实验室废弃物进行无害化处理，使外界免受污染，保护好自然环境。根据"三废"的分类和属性，制定了以下处理方法。

（一）废酸、废碱液的处理

（1）对于没有受到污染的剩余废酸、废碱液，可以采用回收利用的方法。这样做既可以节约实验成本，又能提高化学药剂的使用效率。

（2）受到污染或已经没有回收价值的废酸、废碱液，应集中存放在耐腐蚀的容器内，用于中和其他需要处理的废液，以消除或减轻污染。对于浓度比较低的废酸、废碱液，经简单中和处理，用大量清水稀释后，可安全排放。

（二）含盐类的废液的处理

1. 汞盐

将废液调制 pH=8～10，加入过量的硫化钠，产生硫化汞沉淀，再加入硫酸亚铁将其凝集，过滤后的沉淀可以回收汞。

2. 铬（六价）酸和铬酸盐废液

用铁粉或硫酸亚铁将其还原成三价，再用废碱液处理，生成氢氧化铬沉淀滤除。

3. 含砷废液

用废碱液或氢氧化铁与其发生化学反应，也可以将废液的 pH 值调至 10 以上，加入足量的硫化钠进行化学反应，生成硫化砷沉淀。硫化砷具有低溶解度和低毒性的特点，比较安全。

4. 含铅与镉废液

用废碱液将废液的 pH 值调至 8～10，加入足量的硫酸亚铁进行化学处理，生成沉淀。

5. 可溶性钡盐

加入适当浓度的稀硫酸，生成难溶解的硫酸钡沉淀。

6. 含银废液

含银废液能与足量的盐酸发生化学反应，生成氯化银沉淀。将氯化银沉淀过滤、洗涤后用浓氨水溶解沉淀，滤除杂质，再加入比例为 1：1 浓盐酸再次生成沉淀。氯化银沉淀再经洗涤后，在酸性环境中与锌粒发生还原反应，可获得高纯度的银粉。

7. 氰化物

氰化物可与硫代硫酸钠发生化学反应，最终生成毒性相对较低的硫氰酸盐，也可以用硫酸亚铁替代硫代硫酸钠来处理氰化物，或将废液的 pH 值调至大于 10，用高锰酸钾或次氯酸钠处理。

（三）有机溶剂的处理

1. 卤烃废液

以氯仿为例，数量较多、浓度较大、有利用价值的氯仿可通过技术手段回收，实现再利用。废液以浓硫酸（氯仿量的 1/10）、纯水、盐酸羟胺（$5g \cdot L^{-1}$）、重蒸馏水洗涤，最后用氯化钙干燥，并进行两次蒸馏。没有回收价值的氯仿，pH 值调至 12.5 以上，温度控制在 95℃～100℃，加热 1h，大部分氯仿可水解成甲酸盐而解毒。实际上，大部分卤烃在水中溶解度小，可直接用三氯化铁作为混凝剂去除。

2. 环己烷废液

有回收价值的废液根据不同污染情况进行洗涤，处理完成后，使用氯化钙进行干燥，再对废液进行分馏操作，分馏时收集 81℃的馏分，回收再利用。没有回收价值的或污染严重的废液可用臭氧氧化，将环己烷转化成环己酮，之后再降解成己二酸和二氧化碳。

3. 乙醚废液

用水洗两次，pH 值调至中性后用 $5 g \cdot L^{-1}$ 的高锰酸钾溶液进行洗涤，清除废液中的还原性物质，再通过水洗的办法清除高锰酸钾。水洗之后，加入 $5 \sim 10 g \cdot L^{-1}$ 的硫酸亚铁铵溶液洗脱氧化物，进行两次水洗，之后采用氯化钙进行干燥处理，再进行蒸馏，蒸馏时收集 34.5℃的馏分。

4. 甲醛废液

高浓度的甲醛废液，可与氨形成乌洛托品（环六亚甲基四胺），经过蒸馏后回收；也可使用格利雅试剂处理，通过加成反应生成醇，进行回收。浓度低没有回收价值的甲醛废液，可加入 0.5% 的消石灰，在 30℃条件下处理一天，可将 99.9% 的甲醛分解。

5. 甲苯废液

可采用 $1mol \cdot L^{-1}$ 的盐酸洗至无色，再使用蒸馏水进行两次水洗，之后采用氯化钙进行干燥处理，蒸馏时收集 110.6℃的馏分。

6. 酚废液

高浓度的酚废液可以使用乙酸丁酯进行萃取处理，再蒸馏，完成回收；低浓度的酚则使用次氯酸钠或漂白粉处理，可将这些低浓度的酚氧化分解，实现无毒害处理。

7. 苯胺废液

可用稀盐酸或稀硫酸处理，生成不挥发的盐。

8. 丙酮废液

高浓度的废液可经碱处理，蒸馏收集 56.5℃的馏分，回收利用。

（四）废气的处理

实验室产生的废气，一是多变，二是量少，可以从这两方面入手来实现对实验废气的科学处理。

（1）由于各实验室实验内容不同，产生废气的化学性质也不同，存在很大差异，所以不适用一整套装置来处理。常用的处理方法是在实验室内安装通风设备。由于废气量少，对环境危害不大，一般情况下可以直接排放到室外。需要注意的是，实验室的排气管必须要比附近的屋顶高 3m 以上。

（2）具有较大毒性的有害气体，会造成大气污染，不能直接排放。处理时，可以参照工业废气的处理方法，如使用洗气瓶，通过吸附、氧化、吸收、分解等办法对有害气体进行安全处理。

（五）废渣的处理

实验废渣的处理，原则上应回收利用，禁止随意丢弃。如果数量极少的话，也可以采用深埋、焚烧等生活垃圾的处理办法，但需要注意以下几个方面。

（1）整瓶的废弃药品及性质不明的药品不得混入一般废渣中处理。

（2）用过的空试剂瓶要彻底清理干净后，按垃圾处理。

（3）单独处理危险品废渣，废弃的有害固体药品禁止倒入生活垃圾中，必须进行解毒处理。

（4）实验废渣应分类存放，及时处理，谁使用谁负责。

第三节　实验室废弃物处理注意事项

实验室废弃物的种类众多，可根据废弃物不同的理化性质进行系统化分类。一般而言，可以根据废弃物的化学性质、化学活性、危害状况、存在状态等进行各式各样的分类。首先，按照化学性质可以将其进行有机和无机两种分类。

其次，按照化学活性可以对其进行活性和惰性两种分类。再次，按照危害状况可以将其分为有害性废物、生物性废物、实验用剧毒品残留物和一般废物四个类别；按照存在状态，可以将其分为固体废物和液体废物两个类别。

实验室废液大抵上可分为：有机溶剂废液（如甲苯、甲醇、乙醚、丙酮、卤化有机溶剂废液等）和无机溶剂废液（如废酸、废碱液、含重金属废液等）。根据实验室收集分类，又可分为：易燃物、难燃物、含水废液、固体物质、酸碱废液、有机废液、实验室垃圾等。此外还有很多分类方法，这里不再赘述。

对实验室废弃物进行处理，要根据废弃物的物性、浓度含量、构成成分、易燃易爆性、感染性、有毒性、放射性等特点，遵循环境保护方面的原则和要求，具体情况具体分析，进行有针对性的科学处理。不同的废弃物，储存方法也不同。因此，不能将实验室废弃物当作生活垃圾那样随意丢弃在垃圾桶内，也不能随意将实验室废弃物直接倒入下水道。需要注意的是，对于那些具有危害性、感染性、易燃易爆性以及污染性的废弃物，在进行处理时，要根据实际情况制定相应的无害化措施。此外，在实验室初步处理废弃物的同时，也要对后续工作（如深埋、焚烧等）进行统一安排，并做好规范化的、翔实的工作记录。

由于废弃物的理化性质、组成成分有所不同，因此在对废弃物进行处理的过程当中，可能会伴随有毒气体的生成、发热、燃烧甚至爆炸的风险。所以在处理之前，就应知晓废弃物理化性质和成分，以高度的安全责任意识进行具体的操作。如可以先对废弃物进行物理分离，再根据废弃物各成分之间不同的化学性质采取中和、消毒、萃取、蒸馏、提纯、封存、贴上危险标志等一系列处理措施。不得将容易造成堵塞的杂物和强酸、强碱及有毒的有机溶剂直接倒入水槽中。针对已经使用过的化学品或者不再使用的化学品，需要将其进行专门性的收集。对于存储危险物品的容器，需要对其进行专门化的消毒，而后才能转为他用。

实验室化学废弃液、过期试剂、生物医药废水等分类用瓶子或专用桶收集，报到实验室管理部门安排登记处理。一些需要加入新废液的操作，要充分考虑到溢满的情况。因此，必须检查废液桶是否处于水平状态，容器应载至总容量的 70% ~ 80%，禁止装满。出于防止废液溅出的考虑，在进行添加新废液的操作时，要采用漏斗，必要时要使用玻璃棒进行引流；具有挥发性的废液加入废液桶时，应安排在通风橱内操作。当有新废液加入废液桶时，须将新废液的资料补充到废液收集单中。

收集容器要选择那些没有损坏和抗腐蚀的容器。将收集到的废液详细信息清晰注明在标签之上，尤其要注意量大的废液。废液桶必须维持密封状态，不泄漏，并定期检查。废液桶的储存场所要安全，防止风、雨等自然因素影响以及人为因素的破坏，严禁不相容的废液混合储存。

需要注意的是，不同废液在倒进废液桶之前，必须要检测不同废液之间的相容性，根据标签指示，按属性分类，对易燃、易爆、有剧毒、易发生剧烈化学反应的试剂废液需进行单独的分类收集，倒入对应的废液桶内。

不同的废液需要分别进行专门化的处理，而不能进行共同处理，以避免不同的化学废液之间产生化学反应。当然，这也并不是针对所有的化学废液，而是针对能够产生化学作用的废液而言。如氰化物与盐酸、强氧化性酸与其他酸等。

将废液倒入废液桶后，要马上盖紧桶盖，防止废液挥发或洒漏。如果废液的浓度较低，在对其进行无害化处理之后再对其进行集中处理；如果废液的浓度较高，则需要对其进行定期性的回收和处理；如果是能够散发出臭味或者带有一定毒性的废液，则需要先对其进行适当的处理之后，再对其进行回收；如果是存在爆炸危险的废液，则尤为需要谨慎处理。

在具体的实验过程中，如果因为人为操作不当而导致容器破损，从而使得一些有害性物质散落并造成环境污染的，则需要选用科学、有效的方法对其进行处理。在对有害性物质进行具体的处理时，一般先选用具有针对性的物质与其进行化学作用，以此对有害物质的毒性进行清理。如果该有害性物质为固体形态，则需要先对该类固体型废弃物进行清理，如打扫或者水洗等均可；如果该有害性物质为黏稠液体，则可以选用一定的工具进行清除；如果该有害性物质具有一定的渗透性，那么就可以通过高压蒸气的方式进行消除。

此外，实验中经常会用到或产生一些尖锐物品，如注射器、输液器、手术刀、注射针头、探针以及碎玻璃等。这些尖锐物品必须安全稳妥地放在锐器容器内，不可与其他废弃物混放。盛放尖锐物品的容器必须要足够结实，不容易被刺破，而且容器不能装太满，容器的标签也要标注清楚、详细。当需要丢弃这些尖锐物品及其他相关医疗废物时，外包装袋应选择黄色塑料袋，并由实验室管理人员统一定期交由专业医疗废物回收公司处理。

第七章　实验室环境与安全管理

第一节　实验室卫生与安全管理

一、实验室卫生管理

适宜的实验室卫生环境条件，能维护实验仪器设备的正常运行，提高设备的使用寿命，保证实验结果的准确可靠，保障实验人员的健康。因此，对实验室卫生环境的管理是实验室工作的重要环节之一。

（一）实验室环境要求

1. 通风

从广义上讲，通风指的是将室内的浑浊空气直接或是经过净化后排至室外，再把室外干净的空气补充进室内，从而长时间保持室内空气的新鲜。前面的过程叫作排风，后面的过程叫作送风。对于实验室来说，在实验中经常会因化学反应生成各种各样有毒性、有腐蚀性、有异味以及其他一些易燃易爆的气体，这些有害气体会给实验室的空气环境造成很大的污染，给工作人员的身体健康带来隐患。此外，有害气体的长时间积聚，还会大大降低仪器设备的使用寿命和操作精度。

因此，实验室必须具备良好的通风条件。实验室通风的目的是为实验人员创造一个安全舒适的实验环境，同时保护实验人员的健康安全，尽量避免或减少实验人员长时间暴露在有害气体中而受到伤害。通风的具体措施包括安装通风橱、通风柜等。实验室通风橱的正确位置如图 7-1 所示。

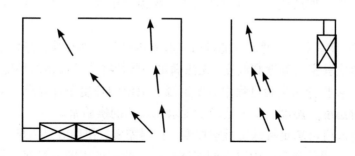

图 7-1　实验室通风橱在室内的正确位置

（1）通风的方式。实验室通风的方式，根据通风范围来划分，有全面通风和局部排风两种方式。

全面通风是指在实验室内部，从整体上进行通风换气，达到更新空气的一种方式。一些实验项目由于各种原因无法使用局部排风，或使用局部排风已经无法满足某项实验要求时，就必须采取全面通风的方式。在一些没有配备通风柜的化学实验室、暗室、贮藏室、准备室、药品库等工作区域，有害气体会长时间积聚，这个时候就应该采用全面通风的方式，彻底消除有害气体的威胁，有效控制实验室的空气环境条件。

根据通风机制划分，全面通风分为自然通风和机械通风两种方式。自然通风，指的是通过室内外空气温差或室外风力造成的风压使得空气流动，完成实验室内外气体交换。自然通风比较常见，如依靠门、窗使空气任意流动的方式，称为无组织自然通风或渗透通风；依靠进风口和出风竖井，使空气按要求方向流动的方式，称为有组织自然通风。具体方法是在外墙或门的下部安装百叶风门，在房间内侧设置通风竖井，使室外空气从百叶风口进入室内，室内空气通过通风竖井排出室外。自然通风的过程中不耗能，几乎无成本，安全环保卫生，是一种经济有效的通风方式。但因换气速度慢，自然通风只适用于有害物质浓度低、对空气洁净度要求不高、室内温度高于室外空气温度的情况。机械通风，指的是通过安装轴流通风机等空气设备对室内进行强制的气体交换。与自然通风相比，机械通风换气速度快，但耗能相对较大。危险品库、药品库在自然通风的基础上必须采用机械通风作为补充。

局部排风，顾名思义，指的是在有害物质形成比较集中的局部区域，或工作人员经常活动的工作区域，设置排风装置，集中将有害气体排出室外，防止有害气体在室内的积聚。局部通风的方式在各类实验室中使用广泛，能够在有害气体生成后马上就近排出，以较小通风量将大量有害气体排出室外，有着良好的排气效果，如通风柜、万向排气罩、吸顶式排气罩、原子吸收罩、台上式排气罩等。

（2）实验室空调。通风只能进行实验室内外的气体交换，净化室内空气，却不能调节实验室的温度和湿度，无法满足一些精密实验仪器的环境条件要求，也不能保证某些特殊实验过程中需要恒温、恒湿的环境条件要求。空调系统广泛适用于对温度、湿度、空气洁净度要求比较高的实验室。

单体空调机可满足特殊实验室控温、控湿需要，使用效果明显，方便使用，可自主调节空调的参数。中央空调能够使各实验室处于同一温度水平，噪声比较低，有利于提高检验及测量精度；其缺点是高耗能且前期投入大，维护成本高。空调的设计和安装可参照《采暖通风与空气调节设计规范》（GB 50019—2003）中的有关规定。

（3）实验室空气洁净度。所谓空气洁净度，指的是在空气环境较为洁净的情况下，周围所含有悬浮性粒子多少的程度。一般而言，空气中所包含悬浮性粒子的浓度越低，该部分空气的洁净程度就越高；反之，如果空气中所包含悬浮性粒子的浓度越高，该部分空气的洁净程度就越低。如果以空气中所包含悬浮性粒子的浓度大小来作为判断空气洁净程度的标准的话，就应当以单位立方米内的空气中所包含的最大允许粒子数来作为比较和衡量的准则。洁净室，指的是在一个具体的空间范围之中，先将其中所包含的有害性物质予以清除，而后再将温度、气流、照明、噪声等进行适当的处理并使之稳定在一个具体的需求范围之中。当该洁净室设计完成之后，其并不会受到外界环境的影响，而是会始终维持在原来所设计的状态。

任何进入洁净区的工作人员都要按照有关规定更换衣物。工作服的选材、式样及穿戴方式应当与工作人员所从事的工作性质以及所处环境空气洁净度级别要求相适应。

2. 噪声

噪声对人体危害大，实验人员长期在噪声超标环境下工作会影响健康；噪声影响精密仪器设备的运行，影响测定结果的精密度和准确度，同时，噪声的排放对外部环境造成噪声污染。因此，有效控制噪声对实验室环境管理尤为重要。

实验室噪声的来源一般分为两种，一种是来自实验室之外的噪声，另一种是来自实验室之内的噪声。

实验室之外的噪声，主要指实验室外面的交通运输、工业生产、社会生活等各个方面所形成的干扰性声音，这类噪声的声音相对较大，因此其对实验室所造成的干扰性也就比较大。

实验室之内的噪声，主要指实验室里面的噪声，这些声音主要是从实验室内部的工作器械之中发出，虽然其声音可能并不如室外噪声声音大，但是因为同处于一个密闭空间，所以对实验人员所造成的干扰性并不算弱。同时，实验室之内的噪声很有可能成为其他地方的室外噪声。

噪声的形成主要包含三个因素：声源、传播媒介和接收体，因此在实验室噪声控制方面，一般会采取控制声源、吸声、隔声和消声等办法，有效降低噪声的危害。在无法对声源和传播媒介采取控制措施的情况下，接受噪声的个人可采取防护措施，如佩戴耳塞、耳罩、防噪声头盔等。

3. 温度和湿度

实验室的温度和湿度构成的微小气候，对实验室的正常运行有着非常重要的意义。为了满足实验中各个工序的技术指标，根据仪器需要、试剂需要和实验程序需要，实验室环境温度和湿度需要维持在一定范围内。实验室应明确实验的各项内容对于实验室温度和湿度的硬性要求，并选择最窄范围作为实验环境允许的控制范围。此外，从人性化角度优化实验人员工作环境。恶劣的工作环境，会让实验人员在繁重的工作压力下变得焦虑急躁，影响工作心态。而让实验人员在比较舒适的条件下投入工作当中，保持实验人员身心舒畅，更有利于发挥实验人员的聪明才智。

（二）实验室卫生注意事项

为保持实验室的卫生环境，应保持实验室清洁干净。对实验室卫生的管理，需要做到以下几个方面：禁止在室内吸烟、进食、吐痰等，实验人员要讲究个人卫生；禁止将与实验项目无关的物品带入实验室；禁止非工作人员随便进入实验室；禁止在实验室内从事与实验项目无关的事情；进入实验室的工作人员，一律穿着工作服；进入无菌工作间的工作人员，要更换衣物、鞋子等；实验室仪器设备、药品试剂、玻璃器皿等应摆设整齐，整洁有序；定期或不定期地对实验室进行清扫，保持卫生；地面无积水、无杂物，重要位置无积灰，实验水槽保持清洁明亮无污垢；经常清理冰箱、培养箱、培养基等，为防止污染，还要及时进行消毒。

二、实验室安全管理

（一）管理要求

"安全第一，预防为主"是实验室安全管理的重要原则，要根据各类实验室的实际情况，加大管理力度，积极开展实验室安全管理排查工作，杜绝安全隐患，并建立完善实验室安全管理的各项规章制度和操作规程，对外公示，保持实验室安全管理工作的常态化。

实验室安全责任要落实到每一个人，强化实验人员安全意识。实验室设立安全员岗位，安全员负责该实验室的日常安全工作。安全员必须具备相应的安全管理资质，因此要经过专业系统的安全培训，考核合格后才能上岗。根据规章制度，安全员有权制止与纠正不安全的行为。

一般而言，对于首次开展实验操作的工作人员，应当先对其进行系统的安全培训。在系统学习和掌握实验室安全知识之后，要对其进行考核，考核通过之后才能够安排其进行具体实验操作，否则不能允许其进行实验操作。

因为实验室内存在诸多安全隐患，所以需要特别重视实验室内安全隐患的消除工作。工作人员需要定期对实验室内部进行安全检查，对所发现的安全隐患问题，要及时予以消除。同时，工作人员还需要积极开展实验室安全知识宣传工作，向广大人民群众普及相关的急救知识和技能，以降低实验室内的工作风险。此外，工作人员还需要注意实验室安全理念的普及，这样才能从根本上保证实验室操作的安全性。

实验室主管要根据实验室的性质进行实验室危险源的识别工作，并登记建档，进行定期检测、评估、监控，并制定应急预案，告知相关人员在紧急情况下应当采取的应急措施。

实验室发生安全事故时，应采取积极有效的应急措施，及时处理，防止事故扩大蔓延，同时应及时上报，不得隐瞒事实真相。在承担教学、科研、实验任务时，还应明确安全责任。

（二）管理方法

1. 健全实验室安全管理机构

由于实验室所涉及的专业和门类较多，需要有专门的机构负责实验室安全方面的管理。从上至下要建立实验室的安全管理体系，有明确的安全管理层次和安全职责，设立专职或兼职的安全岗位，使实验室安全工作做到上头有人抓、下头有人管，从体制上解决实验室安全工作管理机构的完善问题。

2. 建立健全实验室安全管理机制

明确职责范围制度是做好实验室安全管理工作的保证。对于实验室主任、实验室工作人员，要有明确的职责范围、工作流程，要具有一定的强制性和约束力，明确规定进入实验室的安全工作程序、系列安全工作规范，使实验人员在实验室工作中有法可依、有章可循。有关实验室安全的管理制度可包括：实验室安全管理规则、实验室安全卫生守则、危险化学品管理办法、剧毒品管理办法、病原微生物的管理与使用规定、放射性同位素与射线装置使用管理规定、实验室安全用电管理规定、特种设备或高档设备安全使用管理办法、压力气瓶安全使用管理规定和危险化学品废物处理规定等。

3. 重视安全基础性工作

实验室安全的基础性工作是大力加强安全标准化实验室建设。着重从以下四个方面展开。

（1）实验室安全运行组织管理标准化。主要是制定以实验室安全运行为目标的实验室安全管理全过程的各项详细的、可操作的管理标准。

（2）实验室安全条件标准化。主要是保证实验室房屋及水、电、气等管线设施规范，实验室设备及各种附件完好，实验室现场布置合理、通道畅通，实验室安全标志齐全、醒目直观（如图7-2所示）。实验室安全防护设施与报警装置齐全可靠，安全事故抢救设施齐全。

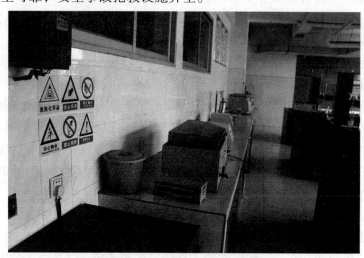

图7-2　实验室安全标志醒目直观

（3）实验室安全操作标准化。主要针对各实验室的单个实验或高档仪器设备制定操作程序和管理规范，实现标准和规范化操作。

（4）实验室安全教育制度化。定期进行实验室的必要安全教育工作，做到未雨绸缪，防患于未然。同时做好实验室安全通报工作。

4. 建立安全岗位责任制

落实安全责任，必须厘清责任，将责任细化。可以从签订安全责任状入手，领导要加以重视，层层落实安全管理责任。各级安全责任人分别签订安全责任状，各司其职，各尽其责，通过层层签订，使得各级责任人责任明确，有效对接。

5. 加大实验室安全设施的投入

对现有的实验室在防火、防爆、防毒、防盗、防辐射、防传染等安全设施方面加大投资力度，根据实验室危险因素的具体情况，更新、改造、配备必要的劳动保护设施和用品，安装必要的实验消防、通风、防爆设备，以期及早发现隐患，杜绝事故发生。

6. 加强实验室安全教育

大量的事实表明，所有的实验室安全事故中，超过一半的事故根源都在于操作失误，由此可见，开展常态化的安全培训和教育，加强实验室人员的安全意识，对防止事故发生所起的作用非常巨大。从本质上来讲，安全培训和教育工作，属于预防性工作。为了实验室的安全运转，实验室管理层和负责人必须高度重视开展相关的安全教育讲座等活动，把安全教育工作当作一项长期的工作来抓，保障实验人员的安全意识始终不松懈，划拨充分的资金来支持安全教育工作的开展。在进行安全教育工作时，要注意从系统上来展开，从而有利于实验人员安全意识的加强。

实验室既要进行上岗安全常识教育，也要进行与专业学习相关的安全培训，使实验室操作人员熟练掌握基本安全常识与安全自救技能。实验室定期组织安全教育讲座，进行一些灭火、自救的演习，不断提高有关人员的安全技术水平，熟练掌握事故应急处理方法，有条件的情况下还可以根据实验室的具体情况，编写安全教育素材，举办各种讲座，开展安全知识比赛，观看录像和课堂教学等，广泛开展安全教育，形成良好的安全氛围，使每一个在实验室工作和学习的人员都具备处置突发事件的能力。

7. 安全检查常态化

定期或不定期开展严格的、全面的安全检查，从而促进整改。客观而言，安全检查工作的意义在于，加强实验人员的工作职责感，以及必备的安全意识，能够对安全隐患进行及时排除。识别实验室危险源的工作也不容忽视，在危险源识别过后，有助于排查安全隐患工作的开展。

始终把安全运行作为实验室运转的第一追求目标，针对实验室安全管理所制定的规则内容，应该照顾到各个细节，确保建立起全方位的操作规范。在日常的管理中，必须不打折扣地执行和遵守。始终不放松监督检查，同时，要不断加大力度完善相关制度，定期检查和维护实验室内的水、电、气等管线设施，保持实验室内的清洁，配备必要的各类安全标志，对老旧的安全防护设施进行更换，以期全面符合实验室安全标准。

划拨足够的资金支持更新和购入实验室安全设施，建立一整套行之有效的安全与环保投入机制。在制定预算支出的部分时，需要单独列出实验室安全工作经费，同时，要按照每一年的变化和实际需求，对这部分经费做出调整。当建设或改建实验室时，必须坚持安全第一的原则，期间，要在实验室空间以及设备的设计过程中，始终遵循仪器设备安放及管线设施铺设的相关方面的要求。特别要注意的是，对危险化学品要加强防盗监控的力度，要设计专门的危险废弃物回收点，满足良好的通风过滤条件，安装烟感报警等硬件保障设施，从源头上杜绝事故发生。[1]

（三）安全管理注意事项

（1）保持实验室工作区域清洁干净卫生，各种仪器设备的摆放要科学合理整齐有序。日常安全管理严格做到防火、防盗、防破坏、防灾害事故；关门、关窗、关水、关电、关气；检查仪器设备。尤其注意要有准备应对停电、停水等突发事件。

（2）各实验室必须配备足够的消防器材（如灭火器、灭火毯、消防水龙头、沙袋等），放置在明显、方便取用的地方，并指定专人负责保管。实验室应标明安全出口和紧急出口。实验室工作人员应学习消防知识，熟悉安全措施，熟练使用消防器材。发生火灾事故时，应切断电源，冷静处理。各类安全设施不得挪用，并定期检查是否符合使用要求，一旦发现问题，及时采取补救措施。

（3）实验室人员应该是经过严格的流程被挑选进来展开实验工作的，他们应该对实验室仪器有全面的认识和了解，能够熟悉各个仪器的性能及其操作方法；指定专门人员定期对设备进行检查以及展开维护，确保设备正常运行。

（4）实验室应有严格的安全用电管理制度，不得擅自拆卸、改装用电设备；用电设备必须按要求安全接地，杜绝使用不符合安全要求的插头、插座。实验室内电线头不得外露；电源开关箱附近不得堆放物品，以免触电或燃烧。实验室电气设备的安装和使用管理，必须符合《安全用电管理规定》。大功率教学

---

[1] 孟兆磊,林林,牛犁,等.高校实验室安全管理长效机制的探索[J].实验技术与管理,2015,32(04):233.

设备必须使用专用线路,严禁与照明线路共用,防止用电火灾。使用高压电源时,应穿绝缘胶鞋,戴绝缘手套,或用安全杆操作;有人触电时,应立即切断电源,或用绝缘物将电线与身体分开,然后抢救。

（5）在实验室,电路、配电盘、箱、柜等设备,以及电路系统中的各种开关、插座、插头,应始终保持良好的工作状态。保险丝装置中使用的保险丝必须与电路的允许容量相匹配。室内照明器具应经常保持稳定的使用状态。

（6）在可能散发易燃易爆气体或者粉尘的建筑物内,所使用的电路和电气设备,应当按照有关规定使用。对实验室可能产生静电的场所、设备,必须有明确的标志和警示,可能造成危害的必须有适当的防护措施。实验室使用的高压高频设备应定期检修,并有可靠的保护措施。如果设备本身需要安全接地,则必须接地。

（7）实验室防火防爆工作应以防为主,实验室人员应了解易燃易爆产品知识和火灾知识,消除火灾隐患。实验室防火工作严格执行消防安全管理规定。对新入职的实验人员进行安全教育,熟悉消防安全设施和规章制度,提高实验人员的安全和自我保护意识,学习基本的防护知识和急救知识。

（8）实验室在使用易燃、易爆、易腐蚀、有毒、有害等危险物品时,要按照有关规定使用和保存菌苗,必须有专人负责,建立健全采购、保管、发放登记制度,要有可靠的安全措施,同时对实验剩余的危险品要立即妥善保管、储存、加工,并做好详细记录;绝不自行扔、弃、毁。

（9）实验室化学试剂应放置在阴凉通风处,远离明火,远离热源,不要与氧化剂和酸性物质一起存放,防止阳光直射,温度一般宜在15℃~30℃。特别是一些氧化剂和有机过氧化物应与有机物、易燃物、硫、磷、还原剂、酸分开存放,放置在通风处,远离明火,远离热源。

（10）所有排放有害气体的实验室和药品库存量较大的实验室,必须按照规定配备通风、换气等设施。按照国家法律法规的规定,各实验室不得排放废气、废液、废渣,"三废"应严格按照有关规定妥善处理。化学废物和生物样品应妥善收集和储存。盛放化学废物的容器应密封可靠,不得破损、泄漏。容器上应贴上废物内容物和产品名称的标签。严禁随意向地面、地下管线和任何水源排放化学废物,防止污染环境。

（11）为了加强实验室对压缩气瓶的管理,必须对其进行分类,保持直立,并远离热源。使用可燃、易燃、助燃气瓶时,与明火距离不小于10m。可能发生反应,引起燃烧、爆炸的气瓶要分开存放。例如,在化学实验室中经常使用易燃易爆气体,很多非专业的实验室设计单位会将易燃易爆气瓶存放在试验区域，用气瓶柜进行存储，自认为就能达到防爆的效果。但爆炸是能量聚集到一定程度又突破了外部承受极限的瞬间释放行为，一旦气瓶柜爆炸，实验室的铁皮柜（0.6～1.2mm厚）完全无法隔离和泄压。此外，气瓶内气体不得用尽，必须留有剩余压力（氧气不少于$2kg/m^3$）。运输气瓶时，瓶帽要盖好，以防撞开阀门，发生事故。搬运氧气钢瓶时，工作服和装卸工具不得沾有油污。

（12）对于实验中可能存在的主要危险因素，应认真整合。同时，根据危险程度设置防火、防爆、泄压、安全距离等安全设施。当事故发生时，根据具体规章制度进行有效疏散和及时救援。

（13）实验动植物由专人负责实施实验动植物管理办法。实验动植物的身体、器官和组织应当妥善处理。实验样品应集中存放，定期销毁。实验动物安全管理应严格执行《实验动物管理条例》。

（14）实验室基于实验需求，需要使用放射性物质的，应极力做好防范措施，防止放射性物质对实验人员造成不可逆的健康损害，总之，要将放射性物质扩散所能引起的损害程度降至最低。

（15）实验室必须严厉杜绝一切和实验无关的行为，包括取暖、做饭等会产生明火的行为，同时，还必须保持安静无烟的环境。一旦违反本规定，无论是单位还是个人，都应该立即终止其工作，限期改正错误行为，经检验合格后，方可恢复工作。

（16）确保实验室消防通道和人行通道畅通，走廊、楼梯间不得设置铁门或堆放仪器、设备和杂物。未经主管部门同意，严禁拆除和改变实验室内外建筑结构。

第二节　实验室节能减排管理

实验室是现代社会的重要组成部分，也是开展科研工作、人才培养的重要场所，同时也是化学试剂、设备仪器以及水电的高消耗区。节约资源是我国的基本国策，在全社会履行节能减排的大环境下，实验室开展节能减排工作，建设具有节能减排功能的新型实验室，对节约能源、保护环境以及促进人与社会和谐发展有着重要意义。

一、节能减排措施

（一）优化实验内容

可根据实验室的设备状况，在保证实验效果的基础上对传统实验进行优化，改善有毒、有害和"三废"处理困难的实验环节，或选择无害、低害的实验药品替代，避免传统实验方法对环境造成的污染。

统筹安排实验流程和内容，优先开展实验产物可作为后续实验原料的实验，避免因重复实验造成实验材料的浪费，减少污染物的排放。

（二）开展微型实验

微型实验是一种新型实验方法，有着广阔的发展前景。在保证实验效果的基础上，尽量以小剂量的化学试剂在微量化的装置中进行实验。微型实验的化学原料用量一般是常规实验的十分之一，甚至千分之一，但实验效果准确、安全、快速。[①]微型实验需要的化学试剂用量小，节约了实验用水和电能，从而有效压缩了实验工作成本，同时也使得"三废"的排放量有所减少，有助于实验室节能减排目标的实现。

（三）计算机虚拟实验

对于那些污染比较重、能耗高、实验结果期望不明确的实验项目，计算机可用于开展虚拟实验。虚拟实验是指在计算机上创建相关的软硬件操作环境，可辅助、部分替代甚至完全替代传统实验的操作环节。实验人员在真实环境中完成各种实验项目，从而顶替实验人员完成部分实验环节。虚拟实验实现了实验材料的零输入和"三废"零排放，达到了节能减排的目的。

（四）纠正错误认知

很多实验人员认为药品用量越大，实验效果越明显，在实验中往往主观地加大药品剂量，造成实验材料的浪费。这种认知是错误的，实验应明确药剂用量，杜绝实验过程中对使用药品数量的随意性。只有从思想源头上纠正错误认知，才能有助于实验的科学性，从而减少对环境造成的污染。

---

① 周立亚，龚福忠，王凡，等. 创建绿色化学实验室的探讨 [J]. 实验技术与管理，2010，27(6)：175.

二、实验室节能减排的注意事项

实验室计算机、仪器不投入使用时，应及时切断电源，这样既可以节约用电成本，又可防止插座短路可能引起的实验室火灾，坚决杜绝无人开机、待机耗电现象。

在实验室空调的使用上，应遵循少开或不开的原则，追求节能环保。空调开启时要合理设置温度，夏季温度应不低于 26℃，空调运行期间不能频繁开门和开窗。

实验室应合理使用自然光，进行科学采光，这样不仅能增加亮度，而且能利用良好的阳光净化实验室，起到消毒作用。此外，实验室管理人员应根据实验室的自然光线，注意控制室内照明灯数，使用高效节能的照明设备，并做到随手关灯。

实验室节约用水，避免跑、冒、滴、漏等浪费现象，实验室管理人员负责日常的检查与管理工作，对解决不了的问题要及时向主管单位或上级部门汇报。

对闲置、多余、淘汰的设备等物品，也要及时上报，建议采取调剂和捐赠等行为来推动资源的配置达到最优化效果。对报废的设备等物品，在充分挖掘其残留价值后，交由上级部门统一处理。

第八章　互联网时代实验室网络安全

第一节　计算机安全性

一、概述

当今社会是科技高度发达的信息社会，对计算机的依赖程度越来越高。很多实验室进行模拟实验，都离不开计算机的支持。此外，重要的实验数据也经常被保存在计算机内，实验进度也会被计算机记载。但计算机并不是安枕无忧，有太多风险无时无刻不在威胁着计算机。在计算机内外，都潜伏着严重的不安全性、脆弱性和危险性。

关于计算机安全的定义有很多种，就国际上对其的定义而言，具体指的是利用数据处理系统建立起来的一种安全保护，在保护的作用下，防范黑客或者其他恶意攻击，导致计算机数据丢失或遭到篡改。就我国对其的定义而言，具体指的是计算机资产安全，也就是说，无论存在怎样的不利因素，都不会威胁到信息系统资源的安全性。

计算机安全是一门综合性较强的学科，其所涉及的内容知识相对较多，如计算机信息技术、安全管理等。计算机安全主要包括两个方面内容：一是计算机物理安全，这主要指的是计算机设备及系统方面的安全；二是逻辑安全，这主要指计算机中所包含的信息是否完整、内容是否可查、保密工作是否到位等多方面内容。[①]

---

① 王建华，程正兴.信息技术应用基础 [M].北京市：科学技术文献出版社，2017.：23.

二、影响实验室计算机安全的主要因素

（一）系统故障风险

系统故障风险是指因用户操作失误，软硬件、网络等出现故障而发生系统数据丢失以至系统崩溃的风险。

用户出现操作失误往往是由于缺乏相关的专业知识，比较常见的做法就是非正常关机，更改或删除计算机操作系统中的重要原始文件或程序，在没有防护措施的情况下访问了安全性未知的网站。操作失误可能造成计算机系统的不稳定，甚至会导致系统数据丢失或系统崩溃。

计算机作为一种高性能、结构复杂的机器设备，与其他高性能的机器设备一样，会出现各种各样的故障。有时计算机的零配件也会发生机械和电气故障，如 I/O 控制器故障、存储器故障、芯片故障、主板故障、显示器故障、输出（入）端故障、电源故障等。

（二）内部人员道德风险

一般而言，内部人员道德风险意为，来自本实验室的人员出于某种目的，对计算机系统进行恶意篡改和泄露。虽然大部分的攻击来自外部（包括被拦截的），但是与计算机安全相关的犯罪活动大多数还是来自内部。可以说，由于内部人员的主观破坏，危害性会更大，造成的损失甚至远超外部攻击。

（三）系统关联方道德风险

一般而言，系统相关方道德风险意为，系统相关方利用违法手段进入实验室网络窃取数据和信息，更改或损坏数据的风险。系统相关方包括与实验室有关的所有单位和个人。关联方对实验室管理制度和技术手段的疏漏了解较多，对实验室计算机系统的访问权限高于一般外部单位和个人。网络的发展促进了相关方之间的信息共享，提高了合作效率，使一些别有用心的相关方很容易侵入实验室内部网络，窃取机密信息，破坏系统的正常运行和进行其他破坏性活动。

（四）社会道德风险

一般而言，社会道德风险意为，来自社会的不法分子利用掌握的信息技术，对实验室内网展开恶意攻击和数据泄露。随着实验室体制改革的深入，许多高校实验室已由原来单一的教学任务型转变为教学研究一体型，开展科学研究，为社会生产提供科技服务。这些实验室的内部网并不独立存在，大量的信息通

过网络与外界交换。社会上的不法分子可能利用实验室计算机系统后台的安全漏洞，通过网络入侵实验室进行破坏性活动。

（五）计算机病毒

通常而言，计算机病毒从本质上来看属于一种计算机程序，基于人的主观目的，专门制造的拥有良好的自我复制能力的程序，该程序可以破坏并导致计算机系统故障。计算机病毒的特点包括隐蔽性、传染性、潜伏性、破坏性等。

1. 隐蔽性

计算机病毒往往很难被识别，常常以隐藏文件或程序代码的形式存在，具有很高的隐蔽性。在普通的杀毒软件中，很难实现及时有效的杀灭。计算机病毒常常伪装成一个正常的程序，很难被计算机杀毒软件扫描发现。此外，一些病毒被设计成病毒修复程序，可以用来诱导用户使用。当这些程序运行起来，就会被植入病毒，计算机系统就会遭到病毒的入侵。因此，计算机病毒的隐蔽性常使计算机安全防范工作陷入被动局面，造成了严重的安全隐患。

2. 传染性

计算机病毒的特点之一是具有传染性，可以通过 U 盘、网络等方式入侵计算机。入侵后，病毒往往可以传播，攻击并感染那些未被感染的计算机系统，最终，形成规模性的瘫痪等事故。因为信息技术更新的速度极快，所以，只需要不多的时间病毒就可以实现恶意入侵的目的。基于这个层面，要想有效防止计算机病毒，就应该努力寻求方法来解决病毒的快速感染问题。

3. 潜伏性

实际上，许多病毒感染系统后，当时不会产生任何后果，而是会长时间地潜伏在系统中，不会进行任何破坏行为，只是形成传染，历经的时间少则几天，多则几年。通常情况下，病毒附在正常硬盘或者程序中，计算机用户在病毒激活之前很难发现它们，但是病毒会在其条件成熟后，在特定的环境下被激活产生破坏作用，或者破坏正常程序，扰乱系统健康运行等。如黑色星期五病毒，不到预定时间无法察觉，等到条件具备的时候突然就爆发出来，对系统进行破坏。

4. 破坏性

不管是哪一种类型的病毒侵入系统，其结果都会影响和破坏系统及应用程序的正常运行。不严重的情况下，会降低计算机性能，降低计算机的工作效率和使用寿命；重者危及计算机系统安全，甚至直接导致计算机瘫痪。

不同的计算机病毒，其破坏性也不同。有一些病毒仅仅是减少内存、显示图像、发出声音及同类音响，并不攻击计算机系统本身；但一些计算机病毒却能让计算机系统出现严重的错误，甚至删除程序、破坏数据、清除系统内存区和操作系统中重要的信息。此外，其他程序中的病毒引起的错误也会直接或间接破坏文件和扇区，造成计算机重要文件缺失，导致计算机系统崩溃。

三、实验室计算机安全管理

实验室计算机安全管理可以从环境安全、管理安全和技术安全三个方面着手工作。

（一）环境安全

实验室应为计算机、网络及其他设备实体提供安全可靠的工作环境，能够提供稳定的电源，并保障计算机的正常运行；确保适宜的温度、湿度及洁净度；注意防尘、防灾、防盗等。

（二）管理安全

必须加快建立安全管理机构的步伐，根据实际情况不断完善安全管理制度，从日常管理中切实丰富安全管理措施，不断提高实验人员的安全意识，使实验人员对防火墙、杀毒软件等产品的宣传效果不能过于相信，让实验人员遵守操作规范才能从根本上加强安全管理。

（三）技术安全

（1）要在计算机和网络之间建立防火墙，如此一来，就可以有效防范和减少木马和黑客的攻击。大量实践表明，防火墙对于系统安全有着很好的保护作用，可以有效阻拦各种恶意的非法访问，与此同时，来自内部实验人员的恶意篡改数据行为也能被阻止。

（2）安装和使用杀毒软件，并注意定期更新病毒库和查杀病毒。由于市面上杀毒软件种类较多，技术上和服务上也良莠不齐，建议用户在选用杀毒软件时，多听取专业人士建议，并根据实际情况选择。建议用户不要在同一台计算机中安装多种杀毒软件。

（3）必须及时从源头上切断病毒或木马的传播渠道。要遵守管理规定，对于不清楚来源的网络信息或文件不能随意点击打开和浏览，不去点击发件人不详的电子邮件附件，不主动下载未经安全验证的程序；安装软件时，必须谨遵向导提示，在最大程度上降低恶意软件进入计算机系统的概率。

（4）加强网络访问控制的管理，对用户权限进行适时的调整；不断优化现有的密码设备，从而在源头上保护计算机不被暴力破解；在加密技术的保驾护航下，确保计算机系统可以安全稳定的运行。

（5）研究并制定科学的数据备份和恢复策略。为了更好地保护数据不丢失，就必须时刻谨记热备份，与此同时，在存储数据时选择多个硬盘。如果情况确属特殊的话，建议使用冗余主机。这样的话，一个主机发生故障，并不会影响别的主机良好运行。

（6）下载最新的安装软件安全补丁，保持对系统的优化更新。

第二节 实验室辐射、计算机使用安全

一、实验室辐射

辐射现象在自然界广泛存在，而实验室计算机辐射意为电磁辐射。一般而言，电磁辐射会产生一系列的热效应、非热效应等，从而对人体造成刺激，形成生物效应。现阶段来看，人们往往更加重视对危险化学品放射的防范，对实验室计算机电磁辐射认识不足。但由于越来越多的实验室配备大量计算机辅助实验活动，计算机带来的辐射影响也越来越大，容易造成实验人员的机体损害。

计算机作为一种高性能的现代化管理工具，能够有效提升工作效率，减轻人类的工作负担。然而，机器辐射却能够对人体产生非常大的危害。实际上，所有的电子设备在正常运转过程中，都会产生或大或小的电磁辐射，由此，计算机会产生辐射属于意料之中。只是在辐射强度上，每台计算机都有所差异。用户长期在计算机附近工作，最直接伤害的是眼睛，会造成眼角膜的慢性损伤和眼球内晶体的萎缩，损害视力。长期的辐射还可能导致人的中枢神经病变，损害健康。

实验室电脑辐射还会导致泄密。在计算机正常运行时，承载着大量信息的电磁波能够利用电线进行传输。通常，计算机辐射的频带范围特别宽。这样的信号完全可以被外界捕捉到，无疑给实验室的信息保密带来巨大威胁，必须引起高度重视。

二、计算机使用安全

计算机电源必须保持最低的稳定性。计算机电源要维持稳定性，就必须选择交流稳压电源，从而确保工作中的计算机得到持续供电。电压波动不应太大，电压波动太大时应外接稳定电源。为防止强磁场对计算机的干扰，要避免计算机附近设置强电装置。

计算机是非常精密的机器，所以，必须保证计算机所处的环境拥有适宜的湿度和温度。计算机的适宜温度为 15℃～35℃，温度过低可能导致磁盘读写错误，温度过高会影响机器中电子元器件的正常工作，缩短器件的使用寿命。相对湿度为 20%～80%，湿度过高，会使受潮湿影响的部件劣化，甚至发生泄漏、短路，湿度过低，会因过于干燥而产生静电。

计算机周围的环境应该是清洁的，如果空气中灰尘过多，大量吸附在计算机部件表面，会造成计算机内部电路短路。

计算机的位置要稳定，否则会影响计算机的内部硬件。计算机是带电作业，因此计算机中的设备严禁带电插拔，否则会烧毁设备。USB 设备允许现场插拔，但仅当设备停止工作且不与主机交换数据的时候。正常开机、关机时，应先接通外部设备电源，再接通主机电源。尤其要注意，不要简单地关闭系统电源，这可能会导致数据丢失和系统不稳定。在关机时，应关闭运行中的各种程序，然后在 Windows 中通过"开始"菜单正常关机。

计算机能帮助人们做的工作越多，花在它们身上的时间就越多，通常是两三个小时或更多的时间。因此，人们越来越重视计算机的正确运行对人们健康的重要性。显示器工作时会产生一定量的辐射，长时间在显示器前工作会对人的眼睛造成伤害。

计算机机箱内的硬件只有在电流的作用下才会工作，同时，会生成强度很高的电磁辐射，所以，应该使用屏蔽电磁辐射效果好的机箱，同时确保在计算机前工作的时间不宜过长。

除了这些以外，长时间通过计算机工作的情况下，必须注意坐姿的正确，工作时长最好不要超过 50 min，要起身走动，舒筋活血，进行简单的调整。

第三节　实验室网络安全隐患的对策

近年来，随着社会经济与科技水平的不断发展，计算机已经成为各个科研领域的主要设备。对于实验室而言，计算机不仅实现了相关数据收集与数据分析，而且为不确定的实验提供了大数据运算处理服务，节约了实验成本。因此，计算机在实验室的应用范围变得更加广泛。但由于计算机整体运行中会受到各种安全因素的影响，导致问题层出不穷，因此需要对实验室计算机存在的网络安全隐患加以分析，并提出相应的对策。

一、实验室计算机存在的网络安全隐患

（一）网上不良信息的影响

一般而言，利用计算机上网收集资料或者查阅相关信息的时候往往会弹出诸多网页广告，分散用户的注意力，部分用户则会受网页中所弹出的不良信息影响。之所以产生这种现象，是因为计算机实验室管理人员缺乏对网络安全的关注与重视，没有根据实际的情况制定完善的规章制度，也没有时间对网络行为进行监督与控制，导致实验室网络安全技术过低。

（二）木马病毒的侵害

在计算机实验室网络运行中，有些不法分子会将计算机木马植入目标系统之中，并且会在系统启动之后隐藏在某一项设定的系统端口，当所植入的木马程序收到相应指令，就会锁定目标信息，并进行篡改与复制。除此之外，计算机病毒也是一种较为常见的破坏方式，与木马相比，计算机病毒不仅破坏性大，而且传染性高，甚至会长时间隐藏在被侵入的计算机之中。部分实验室所使用的计算机设备比较老旧，且计算机网络管理人员没有对设备加以更新或者是系统升级，或缺乏对网络信息的安全认识，无法及时更新相应的杀毒软件，导致计算机在运行过程中会受到病毒的侵害。如果使用者的 U 盘在感染计算机病毒之后仍在实验室主机上使用，那么则会导致实验室的全部计算机均中毒，甚至还会导致计算机无法正常运行出现瘫痪现象。

（三）计算机网络具有薄弱性

一般而言，实验室内的计算机只要进行通信便可以应用到网络之中，并且能够实现通信线路上的路由器设备的良好应用。但是如果在网络运行中，其中的某一个环节发生安全问题，就会对整个网络造成影响，如出现物理线路障碍、受到 APP 攻击或是服务器发生故障等。这些不稳定因素，总会对计算机实验室正常运行造成威胁，也对后期维护工作产生影响。[①]

（四）应用软件存在不安全性

实验室计算机的操作系统比较简单，存在一定的安全漏洞。在整体运行过程中需要对系统进行不定时的更新与修补漏洞，在对系统漏洞进行补丁更新之前，漏洞就是安全隐患。木马病毒可以针对当前实验室计算机系统所存在的漏洞进行网络攻击，无法保证相关软件的安装使用，甚至还会导致计算机病毒大面积地传播。从另外一个角度分析，在设计与开发应用软件的时候，同样会存在相应的安全隐患，并且因表现形式不同所造成的安全威胁也不同，所以需要加以分析，提高警惕。

二、解决实验室网络安全隐患的对策

（1）进入实验室机房时，请勿乱动机房内的服务器、网线、电源等设备。

（2）进入实验室机房后，不得大声喧哗，乱扔杂物；实验室是进行实验的教学场所，其中的很多药品都具有毒性和腐蚀性，故而应严肃纪律，严禁将零食带入实验室；严禁在实验室内进食或饮水，以避免事故的发生。[②]

（3）开机前应检查机器是否完好无损，调出使用记录进行查看，如果发现问题，不要擅自处理，要及时报告负责计算机管理工作的专业人员。

（4）机房内的设备禁止无故借出，如果是公务需要，必须得到上级主管领导批准并办理相关手续后才可外借。任何人不得擅自对网络拓扑结构、连接方式进行修改或拆接，不得私自拆卸计算机。当计算机出现软硬件故障需要维修时，要先得到实验室的授权才可进行相关维修事宜。

（5）禁止应用软件开发人员和计算机使用人员将计算机系统中的信息拷贝带走。不得擅自修改、删除计算机系统文件、数据库或擅自改变系统环境。

---

① 毛炯.高校计算机实验室网络安全问题及解决措施 [J].科技创新导报,2018,15(02):161.

② 齐照萍.化学实验室管理中的安全问题研究 [J].实验教学与仪器,2018,35(09):73.

如需要修改数据,必须上报主管部门批准,并由专业人士处理,同时记录在案(除指定的开发环境外)。

(6)机房中的服务器、网络组件等设备的启停由指定专人负责,其他人不得擅自进行。

(7)未经实验室允许,非实验室人员禁止进入计算机室。来访人员需要得到实验室管理人员的批准,并做好登记。

(8)计算机房使用后,必须安排值日生及时清理卫生。①

---

① 许景期,许书烟.高校实验室管理与安全 [M].厦门大学出版社,2016.12:175.

第九章　互联网时代实验室安全信息化管理

第一节　实验室信息化

一、互联网时代信息化管理及其基本特征

（一）全球性

信息时代加速了全球化进程，信息技术改变了传统时空认知，弱化了时间和距离的概念。随着网络技术的发展，地理条件不再成为制约人与人之间联系的障碍。

（二）个体性

在信息时代，人们的个性化得到彰显和尊重，信息交流无时无刻不存在，人与人的信息交换成为日常的主流活动。

（三）交互性

交互性体现了信息的发送者和接受者之间的双向交流。就传播的基本模式而言，交互作用的过程本质是：信息来自传者，利用受者的反馈来确认和评价传播的效果；接到信息后，受者可以按照个人理解予以反馈。

（四）综合性

综合性主要体现在信息化的技术层面，通常包括的技术有半导体技术、数据库技术等；此外，综合性还体现在内容层次方面，通常包括的内容有政治、文化等。

（五）竞争性

和工业化相比，信息化的最大特点是，以知识的生产作为核心生产力，创造了大量的财富。在信息化时代，知识的重要性超过了资本，人力资源才是核心竞争力。

（六）渗透性

信息化时代下，经济合作范围越来越广泛，文化渗透程度不断加强，与此同时，促进了社会不同行业和领域进行相应的变革，信息化是经济发展的动能。

二、实验室信息化建设的重要意义

实验室信息化建设是当务之急，是构成科研系统信息化建设的关键一环，属于现阶段实验室建设的重中之重，对推动实验室发展有着巨大的促进作用。在科学的信息化理念指引下，加之先进的信息手段，可以在根本上提升实验室建设与管理水平。探索建设虚拟实验室前景光明，有助于从根本上提高实践与创新能力。当前，高等教育信息化的趋势十分明显，全面利用现代化信息技术，通过先进的网络技术手段共享优质的教育资源，同时，基于实验室信息化管理，能够促进实验室资源的利用效率提高，有助于创建智能驱动型社会。

在信息化建设的过程当中，也存在着一些问题。大部分的实验室信息化建设效果不尽如人意，管理过于依靠人力，信息化普及有待加强。除此之外，实验室人员流动大，稳定性亟待加强。面对面式的管理依然是当前实验室管理的主流模式，以下为具体存在的问题。

（一）效率低下，出错率高

通过传统的方式进行信息处理，耗费的时间久且效率低下，与此同时，处理信息时的错误概率比较大，导致工作量增加。

（二）执行偏差大，动态跟踪难

因为监管环节设置得比较多，导致传达效率低下，经常性地调整，又会发生执行的偏差，与此同时，对整个过程展开的动态跟踪将无法实施。

（三）检测结果难以保存与利用

检测过程不利于进行溯源、追踪，与此同时，检测结果不能轻易被保存，从而影响对其分析利用。

（四）审核控制弱，流程控制差

工作流程比较复杂，无法达到实时控制，从而存在假审情况。

（五）报告编制困难，管理效率低下

就传统的实验室而言，其大部分的分析测试报告属于无意义的重复性劳动，导致出报告延迟，此外，信息储存、提取工作占用了人员大量的时间和精力，实验室的管理者对员工业务情况以及实验室运转情况等很难有准确的宏观把握。实验室信息化水平不高的主要表现：管理体制机制落后、数据共享内容单薄、实验室开放度不够等。这些问题对实验室科研水平的提高产生了很大的阻力。

三、实验室信息化建设的基本内容

建设实验室信息管理平台需要以传统实验教学管理为前提，同时，秉持现代实验教学管理理念，购买并配备好必须的计算机等硬件设备，利用网络通信、数据库等技术来进行具体的建设，最终，把实体实验室所存在的全部实验资源予以数字化，形成高效且开放的实验教学管理平台。建设实验室信息管理平台，能够提高实验室现有资源的利用率，还能够为实验教学提供支撑。

现阶段，大部分实验室的网络信息管理平台有着多方面的作用，除了可以进行实验室管理外，还能够为当前的开放式实验教学提供平台。一般而言，独立的实验室信息管理平台构成部分包括实验数据管理系统、实验教学系统、实验设备管理系统等。这些部分的有机组合，可以满足实验教学、管理等现实需求。

实验室信息化建设不可能在短期内完成，属于琐碎、复杂的项目。信息技术发展速度迅猛，由此，实验室信息化建设刻不容缓。因此，要重视实验室信息化建设，这关系到实验室的生存地位与未来发展。

基于信息化现状，实验室信息化建设应该以这些内容为主：基于信息化环境，必须采取实验室管理的新思路；对开放式实验室信息化建设的内涵与外延进行严格的界定；建设实验室信息化的平台，进行资源共享；分析和研究开放式实验教学网络整体解决方案；实验室网络智能化，以及在实验教学方面的推广应用；基于信息化环境，所建成的科研实验管理体系包括管理模式的应用；基于信息化环境，围绕当前实验室信息安全隐患的研究，以及防护机制研究。

随着信息技术和信息体系的发展，各行各业的发展都离不开对信息技术的应用，由此，在实验室安全管理方面应用信息技术也属于时代潮流。通过合理开发数据库管理系统，在此基础上，建立各种数据库，对生物类实验室进行管理效率良好，能够保证信息数据安全，同时，有利于管理员对特定信息的查找，这些信息包括化学试剂出入库记录及特种设备档案等。加强实验室管理的信息化建设，有利于加强监督管理、提高工作效率。随着信息化技术的广泛应用，安全工作深入人心，安全意识的增强和安全管理体制的优化，使实验室中各种危害因素可以得到有效控制，安全隐患逐渐减少，实验室的安全管理更加规范化、科学化。[①]

第二节　实验室安全信息化管理的技术基础

一、实验室信息安全问题的背景与技术根源

21世纪伟大的成就之一就是网络的迅猛发展，然而信息安全面临的主要问题就是传统 Internet 存在的劣势。Internet 作为一组运用 TCP/IP 当作共同协议的网络，每台计算机不但能够独自运行，还能够利用传输媒介和其余电脑共享资源。然而，传统的网络协议及设计忽视了安全方面存在的问题，导致网络信息安全面临较多风险。在当前国际化背景下，信息安全问题日渐严重。

信息安全属于一类集合了物理、数学、通信以及计算机等多个学科的交叉综合领域。现代信息系统里信息安全的关键在于密码原理和相关运用，主要涵盖了密码原理及技术，包括基于数学的密码理论与技术（公钥密码、分组密码、序列密码、认证码、数字签名、身份识别等）和非数学的密码理论与技术（信息隐形、量子密码、基于生物特征的识别理论与技术）、安全协议原理及技术、信息对抗原理及技术（如黑客防御机制）、信息伪装原理及技术、信息分析及监测、入侵监测理论及技术、应急反应机制、计算机病毒及计算机人工免疫机制等。

互联网信息安全作为一个处于不断发展阶段的课题，一些新的问题、新的思想持续出现，对应的解决措施也逐渐增多。尽管信息安全相关技术迅猛发展，但是至今未找到一种解决措施可以很好地将对信息安全造成威胁的全部攻击成

---

① 潘越，吴林根. 生物类实验室安全管理探索 [J]. 实验室科学 ,2016,19(03):220.

功防范化解。想要找到一个恰当的方式成功化解矛盾冲突，便需要持续更新自身掌握的新型技术及新型举措。网络具备的开放性及其自身特有的脆弱性，导致个人权益、公共利益以及国家安全在互联网信息活动中面临各个层面的威胁。应当在技术许可的前提下，全面保障互联网信息的安全。当前国内关于互联网信息安全技术产品的研发刚刚起步，因此需要持续尝试及探索，探索出与当前基本国情相匹配的互联网信息安全机制、方案及举措。

由于系统平台信息资源具备远程访问性能，所以关于实验室信息管理平台安全性能的相关研究有待强化。对实验室互联网信息安全造成威胁的因素众多，通常涵盖了以下几个方面。

（一）硬件因素

网络服务器属于互联网系统整体安全性能的核心。然而实验室服务器种类较多，导致互联网系统安全性能面临威胁。硬盘驱动器及硬盘属于计算机存储的核心部分，然而冲击或振动很容易造成硬盘的盘头发生撞击，又或是盘片出现划伤，导致信息丢损。

（二）软件因素

软件因素包括操作平台和应用软件等方面的因素。无论是 UNIX、Linux、Windows、macOS 等操作系统，还是 Internet Explorer、Facebook 等应用软件，都存在着或多或少的安全漏洞，很容易遭到计算机病毒或人为因素的破坏。

（三）病毒破坏

计算机病毒入侵将会导致实验室的网络系统出现许多安全方面的问题，比如系统瘫痪、失去保密性以及数据丢失等。计算机病毒通常隐藏在位置文件、电子邮件以及盗版软件之中。它们能够利用很多种方法入侵计算机网络，同时一直进行繁殖，最终入侵实验室网络系统的全部计算机，造成巨大破坏。

（四）人为因素

在人们进行工作的时候，由于工作人员缺乏足够的安全意识，并且相关制度不能得到很好的落实，在计算机的使用过程中常常没有重视其安全方面的维护，导致网络系统存在着各种安全隐患。

（五）内部因素

由于相关管理人员能力有限或者一时疏忽，比如监管不力以及网络设置不合理都可能导致网络系统存在安全隐患。

二、实验室信息安全的主要挑战

实验室开放信息以及管理的网络平台，是实验室和外界进行交流沟通的一个窗口，包含了反馈留言、信息发布以及设备查询等众多模块。如今我国的实验中心或者实验室往往配备几十台至几百台不等的计算机，再加上一些路由器、交换机以及集线器，一起组成一个中等级别的实验中心局域网。和其他局域网相同，实验室的网络系统同样潜藏着很多安全风险。

（一）网络安全

网络破坏以欺骗、攻击网络层和链路层为主。如部分黑客主要使用工具嗅探与扫描网络来窃取用户的管理密码以及账户；将木马病毒安装在网络里面，盗取一些重要文件。欺骗与攻击的整个过程一般是非常安静以及隐蔽的，但会极大地伤害那些信息安全级别高的实验室。蠕虫与木马这些病毒对计算机的攻击通常会造成网络流量的消耗快速增加，以致整个网络瘫痪。

1. 网络监听

网络监听这项技术原本是网络安全管理人员经常使用的一种工具，其主要作用是传输信息、监听数据流动以及网络状态等。网络监听能够在网络中的所有位置进行监听，如调制解调器间、网关以及主机等。

2.MAC/CAM 首次出现攻击

黑客通过工具编制欺骗 MAC，并迅速填满整个 CAM 表，通过广播的方法来解决报文，最后通过多种嗅探来攻击并得到网络中的信息。

3.DHCP 攻击

采用 DHCP Server 可以自动为用户设置网络 IP 地址、掩码、网关、DNS、WINS 等，这样能够便于用户设置网络，进而提升管理方面的效率，不过黑客通过一个假冒的 DHCP 服务器，分配给用户的 DNS Server 是被修改过的，在用户毫不知情的状态下被诱导至一个假网站之中，以获取用户的密码以及账户。

4. 地址解析协议（address resolution drotocol，ARP）欺骗

如果黑客想要获取两个主机之间的交流信息，其会给它们发送 1 个 ARP 应答包，使两个主机分别觉得对方就是黑客的主机。以此两方好像是直接地交流，而事实上却是它们的通信内容全部被黑客截取了。黑客不仅获取了用户的通信信息，还能够对数据包内容进行更改。

5. IP 地址欺骗

IP 地址欺骗是指行动产生的 IP 数据包为伪造的源 IP 地址，以便冒充其他系统或发件人的身份。这是一种黑客的攻击形式，黑客使用一台计算机上网，

而借用另外一台机器的 IP 地址，从而冒充另外一台机器与服务器打交道。

6. 网络协议的安全隐患

通常实验室的网络会一起运行好几种类型的网络协议，但它们并不是专门设计出来用在安全通信领域的，防火墙自身就拥有安全风险。一方面，TCP/IP 协议族软件的安全性不足，导致实验室里面的网络系统缺乏安全性；另一方面，用户自身就是一个安全隐患，欠缺效果良好的评估、监视网络的方法，能够诱发以及加重这个隐患。

（二）计算机与信息安全

1. 计算机病毒

大部分企业都在一定程度上遇到过计算机病毒。如今，全世界已知的病毒样本高达 20 000 多个，同时每个月还继续增加 300 多种，持续损害着终端以及网络中的宝贵通信信息，给大量用户造成巨大的经济以及时间方面的损失。其中的危害包括：接受黑客的相关指令信息，完成他们想干的所有事情；删除或者隐藏用户的一些信息，实施敲诈勒索；将获得的用户信息放在网络里面；占用系统的相关资源，导致系统运行很缓慢。

2. 非法访问和破坏

非法访问与破坏还可被称为黑客攻击，这是计算机经常面临的一个威胁。黑客的行为基本渗透到了全部的操作系统里，并且越来越严重。和计算机病毒的危害相比，黑客攻击拥有更加明确的指向性和目的性，所以其危害更大。

3. 网络犯罪

伴随网络规模的持续增加，其复杂性也在逐步增大，异构性持续提升，用户对网络的相关要求也在持续提升，因此网络安全管理变得越来越重要了。

4. 人为泄密

据有关统计显示，内部工作人员实施的犯罪占计算机总犯罪量的 70% 以上上，这表明其特征是难发现、难抵御以及危害大。通常来讲，各企业在信息安全防护方面大部分是内松外紧；许多实验室依靠防火墙来保证自身安全，对内部人员几乎不设障碍。内部人员很容易就能接触到大量内部信息，往往直接危害到组织的核心数据和资源。此外，内部人员非常了解组织的人员、操作和管理模式，因此他们的行为不太明显。因此，防范实验室内部人员泄密同样需要重视。

三、信息安全管理的原则、思路和实现方法

（一）信息安全管理的基本原则

实验室信息安全实施应遵循以下设计原则进行。

第一，网络信息的各个环节都要足够安全。

第二，积极进行防范，并结合一定的安全防控措施。

第三，适度的安全方针，有限保护与适度投入。

第四，要便于操作，尽量使操作一致化和标准化。

第五，结合管理和技术两个方面，实行谁主管谁就负责的原则。

第六，重点保护客户的核心信息。

第七，集中管理，分散管控，相辅相成。

（二）实验室信息安全管理的主要目标

实验室信息安全管理的主要目标，是指确保实验室里的关键资源与信息以及操作系统等没有被不法分子篡改、泄露以及进入等。实验室网络安全的问题存在于信息使用的各个环节，我们应当更加注重实验室网络安全系统的建设。具体措施有以下几点。

1. 物理环境的安全性

只有确保实验室计算机系统全部设备设施的物理安全，才可以保证实验室整体的安全。其包含电力供应安全、机房安全以及物理设备安全等。实现的方法一般包括网络分割技术以及物理隔离技术。

2. 操作系统的安全性

网络中所用到的操作系统的整体安全性能，大部分表现在以下三个领域：（1）操作系统自身性能不足造成的不安全行为，包含系统漏洞、访问控制以及身份认证等；（2）对操作系统安全方面设置的问题；（3）病毒等一些能够威胁到操作系统的东西。

3. 链路层的安全性

链路层的安全须确保利用网络链路传输的所有数据没有被不法分子窃听。通常用到的方法包括加密通信以及划分局域网等。

4. 网络层的安全性

网络层的安全性表现在路由系统安全、域名系统安全以及数据传送安全等。

5. 应用层的安全性

应用层的安全性大部分是通过数据与应用软件的安全性所提供的，包含实

验数据、通信内容以及实验软件等方面的安全性。

6. 管理的安全性

管理的安全性包含安全管理制度、安全设备与技术的管理等方面。网络的安全不能只依靠领先的科技，还需要依靠严格的单位管理制度以及法律；它们之间相辅相成，都非常重要。

（三）实验室安全的系统实现

实验室安全体系是一个涉及广泛、层次分明、目标明确的综合型体系。其最终的目标是保障实验室的安全,即保障实验室信息的真实性、可用性、完整性、可控性。在制定实验室安全体系时，应综合安全、成本、效率三个方面共同考虑，也就是说，不仅要保障整个实验室系统足够的安全，还要安全适度。因此，要保障实验室网络信息的安全首先要做好实验室系统安全防护工作。

1. 物理安全管理

因为计算机网络设施和其他信息媒体很容易被水灾、地震等自然灾害破坏，也很容易被黑客等不法分子攻击，因此必须要保护计算机网络设施和其他信息媒体的安全。

2. 信息安全管理

信息在传输、交换和存储过程中很容易被窃取、更改，因此对于机密信息一定要根据网络技术、计算机和密码技术制定一套保护技术。一般采取以下两种办法：（1）根据数据的重要性区分开并进行备份，如果觉得双硬盘备份不安全还可以采取双机热备份，从而保证灾难之后数据可以完全恢复；（2）使用加密软件，当前的加密软件都有网络认证功能，将加密方式设定好之后将其存储到网络服务器中，那么该软件每次运行的时候都需要用户的认证信息，认证完成并且给用户授权以后才能运行，而且实验室里的计算机只能用实验室的网络才能运行，一旦将计算机搬离实验室，该软件就自动停止工作了。这样就强制、自动地对文件进行了加密，文件就只能在实验室才能流动。

3. 网络系统安全管理

网络系统安全不仅包括网络运行系统安全，还包括网络系统信息安全和网络信息传播安全。目的是保护网络系统中存储的数据不被他人窃取、更改、破坏，让网络得以连续、可靠、顺利运行。在网络系统安全中，内网的安全是非常关键的，一般通过权限管理来保证内网安全，也就是说，将系统按照级别划分，不同级别的系统有不同的级别的权限。除此之外，要保证实验室的安全，就要保证实验室网络的安全，通常利用物理隔离技术或二层逻辑隔离技术将内网和外网之间的通信隔离开来。

4. 计算机病毒防范

计算机容易受到病毒攻击，有些时候计算机被某种恶性病毒攻击后就无法运行。因此必须提高工作人员的计算机病毒防范意识，做好数据备份工作，并且制定自动抵制并消灭计算机病毒的安全措施。一般在网关、服务器、PC 端等都设置有病毒防范措施，从而来抵制病毒的入侵。

5. 人员教育与管理

实验室的安全管理最终由实验室全体人员来实现，因此要提高实验室全体人员的安全意识，并且明确每个人的职责，由多个人共同管理，从而实现实验室安全管理。

（四）实验室安全的日常管理措施

导致各种网络安全事件出现的原因有很多，如技术原因、管理原因、安全体系的问题等。对于实验室安全的管理，通常采取以下几种措施。

1. 安装防火墙

防火墙是一种高性价比的网络安全保障技术，有边界式防火墙、主机防火墙、分布式防火墙、智能动态防火墙等。防火墙可以过滤掉有危险的服务，能够提高网络安全，降低主机风险。防火墙允许外部选择性访问某些特定的 Mail Server(电子邮件服务器)和 Web Server(网络服务器)，从而控制对系统的访问。防火墙可以用于维护整个内部网络系统，企业通常用其集中管理企业的内部网。总体来说，防火墙具有抵御网络安全风险、集中管理、保存数据、维护网络安全的功能。

2. 防黑防毒并重

杀毒程序必须设置为实时启动，并不断更新和升级病毒库。定期备份重要数据、硬盘分区表、系统注册表和初始化系统文件。做好备份工作，不仅可以应对计算机病毒侵袭，还可以减少黑客攻击造成的危害。杀毒应该是系统的、主动的，能够实现全方位、多层次的保护。由于病毒在网络中储存和传播的方式不同，因此，在网络防病毒系统中，必须拥有防范各种病毒的产品，必须有集中控制、预防和消灭各种病毒的程序。换句话说，就是对网络中存在的各种病毒都设置相应的杀毒软件，并且建立一套全面的杀毒体系，让病毒无法侵入网络。

3. 定期扫描并修复漏洞

网络系统如果存在安全漏洞，就很容易被黑客攻击。当前的网络系统并不是十全十美的，在软件、硬件、系统安全策略等方面都存在一定的安全问题。通过安全扫描，可以在一定程度上提高网络系统的安全性。通常用漏洞扫描系统来自动检测主机是否存在安全漏洞，主要用来扫描操作系统、网络、数据库，看看它们中是否存在安全漏洞。定期地进行网络系统扫描有助于及时发现问题并采取有效措施进行保护。

4. 内部非法活动的防范措施

网络安全身份认证不仅可以决定用户访问的网络范围，还可以决定用户访问的资源内容，甚至还可以访问用户如何使用这些资源。目前，有两种流量监测技术，一种是基于 SNMP（简单网络管理协议）的流量监测技术，一种是基于 NetFlow（网络监测功能）的流量监测技术。处理异常流量，一般采用切断异常流量产生源的方法，或者在路由器上进行流量限定的方法。

5. 防范邮件炸弹

有些实验室专门用于远程教学，那么就要求服务器只能接收特定的电邮，这些电邮是根据特定的用户名、地域名或者邮件内容而命名的邮件，以防其他邮件的攻击，并且还应该严格限定邮件自动转发、群发等功能，以防被黑客滥用。对于邮件的上传程序、邮件的进程应该及时跟踪，并且给予安全保护。

6. 运用入侵检测系统

由于防火墙不具备入侵检测功能，这就导致入侵者在入侵防火墙之后不能被及时发现，所以网络安全仅依靠防火墙是不够的。入侵检测系统（IDS)是在最近几年才被研发出来的一种新型维护网络安全的技术。入侵检测系统可以及时检测并处理内部网络的攻击，这样可以大大减少黑客攻击的时间。从某种程度上说，入侵检测系统其实是防火墙的补充，两者结合在一起使用，有利于增加系统抵抗其他网络攻击的能力，有助于提高系统管理人员对系统的安全管理。

7. 使用安全扫描技术

安全扫描技术起初是用来抵制黑客入侵网络的技术，最后发明了安全扫描工具。商业上通常用安全扫描技术以及配套的安全扫描工具发现安全漏洞。实验室通常用网络安全扫描技术、入侵监测系统与防火墙一起来保证网络系统的安全。网络自动扫描可以及时帮助管理人员发现安全问题，有助于降低网络风险。

8. 网络管理和审核

在网络系统中，有些加入了网络监控和安全维护工具类计算机网络资源，这些资源不会影响网络系统的正常运行，也不会改变网络系统的内核。一般用来采集系统运行中产生的数据、提示系统故障，实现对系统的审核，从而进行适当的调整等。

9. 关闭不必要的端口

网络系统中有很多端口是默认开放的，并且在实际的实验室教学科研系统中很少用到它们。网络系统中开放的端口越多，存在的漏洞就越多，网络管理人员应该关闭不必要的端口，这样不仅可以降低安全风险，还可以提高系统运行效率。

10. 健全管理制度

严格的管理才能保障系统的安全，因此必须要建立完善的安全管理制度，配备专业的系统管理人员并加强他们的安全保密意识，此外，还要提高网络信息防范技术，只有做好这些工作才能保证系统的信息安全。

第三节　实验室信息管理系统

一、实验室信息管理系统概念与基本功能

实验室信息管理系统是一个多功能的信息管理平台，包括实验室人力资源管理、质量管理、仪器设备管理、试剂与标准品管理、环境管理、安全管理、信息管理等，亦涉及对实验室设置模式、管理体制、管理职能、建设与规划等方面的管理内容。概言之，它涉及实验室有关的人、事、物、信息、经费等全方位管理。

实验室作为科学研判数据、获得数据的场所，属于一类用于信息交互的平台。实验室信息化建设拥有其自身独特的优势。实验室信息管理通过网络开展办公自动化管理、系统维护及管理、业务流程管理。随着当前信息化的不断发展，对开放实验室来说，信息管理机制的引入及升级十分必要。

实验室信息管理系统（LIMS)属于一类信息化管理工具，有机融合了实验室管理需要和以数据库为中心的信息技术。该系统的建立基于实验室规范化管理理论，引入信息技术这一有效动力，强化对样品检测程序的管控，及时掌握实验室分析检测工作的实时进度，跟踪了解工作进展，保证各个流程严格按照规范标准开展。引进 SPC（统计过程控制）技术开展质量数据的分析汇总，全

面管控对质量造成影响的相关核心要素，根据 ISO/IEC17025 规范标准对实验室的各项流程进行规范化建设，全面提高实验室管控能力，优化客户服务质量，进而全面创建一个安全性强、效率极高、快速的质量信息共享系统。该系统当前正在不断进行改进和提升，以满足各类实验室日益增长的新需要。

LIMS 的具体作用包括以下五个方面。

（一）有效提升样品检测率

检测人员能够通过 LIMS 随时开展信息查询。将分析结果录入系统，将会自动生成一整套相关的分析报告。

（二）有效提升分析结果的可靠度

该系统具备数据自动上传、测算及自查报错等性能，能够有效减少错误发生，有效规避人为影响，确保分析结果的可靠度。

（三）有效提升分析解决复杂情况的水平

该系统全面整合实验室的相关资源，确保相关人员可以便捷地开展有关历史信息、检测样品及结果等数据查询工作，进而获取完整度较高、价值较高的相关信息，全面提升解决分析复杂问题的水平。

（四）有效利用该平台统筹协调实验室各类资源

管理层相关人员不但能够及时掌握各类设施及相关人员的工作情况，还能够全面了解各种岗位所需检测的样品数目，对实验室各个部门的剩余资源进行实时调整，成功化解了分析进程遇到的相关阻碍，缩减了样品检测所需时间，避免了资源的不必要浪费。

（五）实现全面量化管理

根据管理需要，LIMS 实现了随时提供实验室的统计分析结果等各种信息，如设备利用率、维修率、实验室全年任务时间分布情况、不同岗位工人工作量、出错率、试剂或资金消耗规律、测试项目分布特点等信息，实现对实验工作的全面量化管理。

根据上述任务，LIMS 能够全面实现实验室网络的建立健全，有效连接实验室的各个专业部门，创建以实验室为核心的分布式管控系统，按照科学合理的实验室管理原理及计算机信息库技术，建立健全质量保障机制，切实落实核校信息无纸化、科学合理检测、人员量化考评以及资源成本管控等。当前，国际上已经推出了十余类有关专业软件，同时在实验室管理中发挥相应作用。

二、实验室信息管理系统

实验室信息管理系统属于一类融合了质控、分析和实验室全面管理的规范化、一体化信息系统。将管理实验室的全部要素进行有机整合，涵盖了质量、服务、文档、数据、设备、人员、用户、指标以及试剂等各个层面，完成了由样本采集至结论分析等生产全过程的实时监控，能够随时掌握实验室检测工作的开展情况，对异常现象进行及时处置，全面跟踪及掌握相关人员的工作开展情况，对各项工作程序的标准化以及各项检测工作的规范化开展验证。此系统不但实现了紧紧围绕样品，全力提升用户服务，搞好科研相关工作的开放式管理需求，还圆满完成了制造公司对整体过程的质量把控及质检机构的信息采集、管理等任务，同时保证了检测数据的精准度及可靠度，有效提升了设备的利用率并完成相关管控，大大减少了实验成本支出，优化健全了实验室质量管控机制。

该系统在2000年正式投入市场使用，到现在已经运用到了我国各个行业的数百家企业中，涵盖了精细化工、地质勘探、航天、冶金、军工、医用、石油化工、环境监测、制药、自来水等多个领域。

该系统的基本信息管理内容包括以下几点。

（一）检测业务流程管理

检测业务流程管理包括任务登记与评审、任务分配、取样、样品发放、数据输入、数据评审、报告编制与签发等众多环节。此类管理方式具备较高的适用性及灵活度，可以适应各个行业实验室的实际需要。

1. 任务登记

委托客户提出样品委托检测申请，实验室服务部门受理委托申请，形成委托任务书（或协议、或合同），记录全部委托信息。登记检测样品和项目信息，系统对样品自动进行编号，可同时登记质控样品。登记完样品和项目信息，系统根据检测单价可自动计算出检测费用。支持条形码功能：将样品编码信息转变成条码信息，并打印生成样品标签。

2. 任务下达

按照委托任务的检测内容和要求生成任务单，发送到相关业务部门，继续后面的工作流程；系统用声音和动态图标方式自动提醒相关业务部门有新的任务到达。

3. 采样

若客户直接将样品送到实验室，可以省略此过程；需要现场采样的，按照任务单要求，安排采样任务，指定工作人员去现场采样。完成现场采样后，工作人员可输入采样信息。

4. 样品交接

样品到达实验室后，进行交接，随后样品管理人员负责进行样品交接数据的记载；利用条码扫描器进行样品容器中相关条码信息的读取，自动识别待交接样品。

5. 样品分包

可根据一个检测任务部分或全部检测项目需要进行分包，分包样品及项目不进行内部分配，实验室内部检测人员不能进行数据输入；分包样品完成检测后，分包数据由指定人员输入至 LIMS 系统，并汇总到最终生成的检测报告中。

6. 留样

完成样品登记后，可进行留样，也可在样品检测完成后进行；记录留样信息，如留样地点、留样时长、留样数量等；留样到期后，自动提示用户进行处理。

7. 安排检测任务

完成样品登记后，系统会根据检测样品或项目指定检测人员来进行相关任务的分配；可浏览当前检测人员的工作分配情况；系统会通过动态图标和声音的方式，提示指定岗位有新样品到来；分配任务时，自动显示具备指定项目检测能力的人员清单。

8. 样品领取

检测人员根据检测工组安排表去领取样品，样品管理员记录样品领取信息。

9. 数据输入

不同工作角色的人员，其拥有的数据输入权限也不同。登录系统成功时，工作人员会看到当前用户的授权范围内的所有测试样品。系统会对审核数据向用户自动提示。输入质量控制样品测试数据，自动判断质量控制状态；原始信息可以上传到系统中；可以将数据文件作为附件与指定的测试结果关联。

10. 数据审核

进入审核界面，自动显示当前登录用户要审核的样本列表，根据测试项目的原始记录单信息，可以对测试项目逐一进行审核；可浏览原始图谱信息及附件内容；完成指定环节的审核后，动态提示下一级别的审核人员；样品可以拒收。样本被拒绝后，可以返回到上一个审核环节，也可以直接返回到测试岗位。

11. 报告编制

测试数据输入并审核后，可以生成测试报告。用户可以设计报表格式，不同类型的样本可以关联不同的报表模板，操作非常简便。报告可以是多页的，系统具有自动分页功能，并标识页码和页数；报告中可插入图片；在编制报告时可浏览与该检测任务相关的全部信息，如委托任务书、检测任务单、样品交接记录单、样品领取记录单、现场采样记录单、检测原始记录单等。

12. 报告签发

在设计报告模板时，可设置审核级别。当报告生成后，不同级别的人员完成相应的签核；可将报告发送给指定人员，并自动提示其履行审核工作；报告具有电子签名及电子印章；报告发出信息也要记录下来。

13. 报告输出与存档

已签发报告保存在 LIMS 中，工作人员可打开浏览或打印；打印报告时，自动关联打印信息，如打印人、打印时间等；报告可转换成 PDF 格式，并通过电子邮件方式发送给远端用户；历史报告全部保存在数据库中，授权用户可随时查阅与打印；可根据客户名称、任务名称与编号、样品名称与编号、日期等信息来查找历史报告。

（二）检测数据管理

检测数据管理包括数据查询、数据统计、质量波动统计、合格率统计、工作量及检测费用统计等内容，可根据委托客户的要求自动生成。

1. 数据查询

查询指定时间范围内检测任务的总数量、每个任务的工作状态；按客户名称、任务名称与编号、检测依据、检测项目等条件查询一段时间内的检测任务；查询任务的工作流程及样品信息；按样品名称、种类、取样点、检测项目等多种方式浏览数据；浏览数据变化趋势图；浏览不合格或超标数据；根据查询条件查找各种报告及报表，授权人员可浏览或打印，如委托任务书、任务分配单、现场采样记录单、样品交接记录单、样品领取记录单、检测原始记录单、检测报告书等；查找指定时间范围内各种类型质控数据；浏览质控汇总信息；查询一段时间内检测设备的工组负荷；按检测部门或岗位查询设备基本信息及运行状态。

2. 数据统计

（1）质量波动统计。统计指定产品各检验项目的质量波动情况。质量波动统计内容主要包括：一段时间内检测项目的最大值、最小值、平均值、标准差、范围、工程能力指数等。

（2）合格率统计。统计一段时间内指定产品各检验项目的总次数、合格次数、不合格次数、超标率、合格率及质量等级频率等；操作人员可根据样品、检验项目、取样地等多种方式，自行设置统计对象。

（3）工作量及检测费用统计。按检测任务分类、样品类别、检测项目、检测部门、检测人员、委托客户、送样单位等条件统计一段时间内的工作量及检测费用信息。

（三）质量管理

质量管理包括质控样管理、质量控制图形生成、数据溯源与审计、新方法确认流程管理、质量评审管理、抱怨处理、不符合处理、质量异常处理等内容。

1. 质控样管理

授权人员可通过加入控制样来监控检测工作，系统提供多种质控样管理方式，包括外部平行样、外部空白样、外部平行密码样、外部空白密码样、内部平行样、内部空白样、加标样、标样等。数据审核过程中可调出质控样数据，在对比测试样品的数据后，得出对比结果。如果发现对比结果不符合要求，可拒审样品，并退回到检测岗位，进行复测处理。

2. 质量控制图形生成

支持各种类型的质控图形，包括趋势图、控制图、质量分布图、不合格项目排列图、等级频率分布图等。

3. 数据溯源与审计

授权人员在查询数据时，可随时调出该数据关联的全部原始记录，包括样品、人员、仪器设备、检测方法、溶液、标准曲线、标准物质、环境、质量控制方法、质控样信息、计算公式和参与计算的全部原始数据，以及文档、图谱等。

任何人对数据有意或无意的修改，将自动被系统记录下来，授权用户可浏览修改记录。修改信息记录了原始数据、修改后数据、修改数据的时间、修改人以及修改数据的原因等方面的信息。数据审计信息还包括数据审核、拒审、重新判，复测替换，检测样品及项目增减，原始记录单修改等信息。

4. 新方法确认流程管理

系统对每个新方法确认过程进行管理，记录从申请至批准全过程信息；可浏览新申请方法的文档附件。

5. 质量评审管理

对质量评审的管理，包括评审计划制定、现场审核记录、管理审评会议记录、管理评审报告、证书、活动等方面的内容。

6. 抱怨处理

客户对数据或服务提出抱怨，实验室在受理客户抱怨请求后，进入抱怨处理流程，采用相应表单来记录每一次抱怨处理的相关信息。

7. 不符合处理

若检测过程中出现不符合项，则由相关工作人员记录与实际情况不相符的事实描述，提交纠错举措的相关申请。纠错举措通过审批程序，相关负责人进行确认以后，交由有关人员开展具体工作。实施过程中应当对纠错举措的开展情况进行详细记录，同时开展有效性检验。

8. 质量异常处理

若出现质量不合格情况，可启用质量异常处理流程，系统可自动生成质量异常处理单，处理过程由多个部门协同完成；可设置不同级别人员的处理审核权限，经过多个环节处理后，得出最终的处理意见，并在处理单上记录处理过程信息。

（四）资源管理

对实验室资源有效管理的重要手段之一就是信息综合查询。进行信息综合查询，可以通过输入任何字段或关键词进行查询。例如，以人工方式查询其仪器设备场地房屋借用历史及当前借用情况；以仪器设备名称或功能查询仪器设备情况；通过场地名称、编号等查询其使用状态；通过房屋名称、编号等信息查询其使用状态等。[①]

在实际工作中，影响检验数据和质量的关键因素包括人员、设备、物资、文件、技术、环境等。按照 ISO/IEC17025 标准体系对这些关键因素进行严格规范化管理，以达到实验室标准化管理的切实要求。

1. 人员管理

（1）人员资料、档案、合同等信息维护。

（2）人员培训、考核信息管理。

（3）人员上岗资格能力管理。

（4）人员在岗工作状况与工作量统计。

（5）人员信息资料查询、审核与统计。

2. 设备管理

（1）设备资料、档案等信息维护。

（2）设备采购、验收、检定、维修、停用、报废等计划管理。

（3）设备校准信息维护。

---

① 袁广林,李富民,舒前进,等.综合实验室管理系统的构建与实践[J].实验技术与管理,2018,35(06):237.

（4）设备供应商管理。

（5）设备信息查询与统计。

（6）自动化设备数据采集。

（7）设备运行状态监控。

（8）设备使用率、完好率统计。

3. 物资管理

（1）物资库存、价格等信息维护。

（2）物资采购、验收、领用等计划管理。

（3）标准物资领用管理。

（4）计量器具检定、领用、回收、报废、破损等信息维护。

（5）计量器具数据自动补正。

（6）特殊物资（如剧毒、危险品等）领用、处置管理。

（7）物资供应商管理。

（8）物资信息查询与统计。

4. 文件管理

（1）文件分类目录及基本信息维护。

（2）关联的文件内容可以具有不同的文件格式，如 DOC、XLS、PDF、PPT、WPS、压缩文件（RAR、ZIP）及图像文件等。

（3）文件建立、审核、审批及销毁等全过程构成了文件受控管理体系。

（4）文件修订、借阅、发放、回收管理。

5. 技术管理

（1）标准溶液管理。记录配制标准溶液的原始记录信息；设置标准溶液的有效期限，过了有效期的标准溶液将用特殊颜色标识；记录标准溶液的送样、放置、领用信息；若原始记录单与标准溶液相关联，则在输入标准溶液编号后进行处理，可以自动调用其浓度参与计算。

（2）标准曲线管理。对标准曲线的原始记录信息进行详细的记录，并设置标准曲线的失效日期。采用特殊的颜色对过期的标准曲线进行标记。根据提供的标准数据，可以自动计算回归系数、相关系数、截距和曲线方程。用户还可以调用各种数据，参与计算。

6. 环境管理

（1）实验室物理布局设计及浏览。

（2）实验室环境数据管理。

（五）系统管理

主要包括基础信息维护、安全管理、备份归档。

1. 基础信息维护

系统提供了实验室基础信息维护功能，对其进行优化，而构成 LIMS 一整套系统的基本单元也是这些基础信息。用户可随着业务范围和技术要求的变化自行维护这些基础信息。基础信息包括检验计划、检验方法、方法检出限、检验项目、检验样品、质量控制标准、计算用表、检验工作流程及各类报表模板等。

2. 安全管理

系统按人员和作业角色分配管理权限，其中一个角色与一组操作权限关联。每个用户可以同多个角色进行关联，各种角色彼此间的操作权限也存在很大差别，严格管控各种等级操控人员进行数据访问的范畴及数据读取等相关功能。电子数据存储和电子签名符合美国食品和药物管理局的规范。

3. 备份与归档

系统提供数据备份工具软件，可灵活设置数据备份方式、备份频率及历史备份数据保留周期；该工具软件具有异地备份功能，当服务器数据库完成备份后，可将数据备份文件自动转存至其他计算机中。

系统管理员可设置当前数据库数据保留时间长度，保留期限之外的数据可自动转存至历史数据库中，确保当前数据库保持适量大小，避免因数据量不断增加而影响系统响应性能。

系统支持关系数据库分区功能，并能够自动进行分区，利用分区功能，可确保数据查询和统计具有很好的运行性能。

（六）与自动化仪器集成

采用软硬件接口技术，可以将不同接口类型的自动化仪表与 LIMS 连接起来。只要仪器具有数据输出功能，无论采用哪一种方法，都能快速、自动地采集所需要的数据。LIMS 系统内置一套取数命令集，操作人员可使用这套命令集来自行定义不同仪器的取数命令，从而做到灵活而快捷。

1. 模拟信号接口

利用 A/D 转换，实现模拟信号向数字信号的成功转换，成功进行数据处理，产生检测结果，同时录入至 LIMS 信息库。GS2010 色谱数据处理系统等各类气、液相色谱仪器的数据处理系统可与 LabBuilder LIMS 无缝连接，具有并行色谱信号采集、自动数据处理和快速上传 LIMS 数据库的功能。无工作站软件的色谱仪可通过上述方式接入 LIMS。

2. 数据文件接口

测试仪器配备数据工作站软件，产生测试结果、图形以及原始数据，例如，Agilent 6890 气相色谱数据工作站。使用者能够利用 LIMS 系统进行相关数据文件格式的设定，成功转换后通过检测人员的检验，再存入 LIMS 数据库。采用工作站软件，数据文件接口检测仪就不必去安装其他硬件，在工作站中配备 LIMS 系统应用软件，可全面完成数据的自动采集。使用者实验室中所有配置了工作站软件的检验仪器都可采用上述方式实现与 LIMS 系统连接。

3.RS-232 接口

配备 RS-232 接口的自动化设备，利用计算机和电缆连接，当检测数据在仪器中形成时，随机进入 LIMS 系统界面，经过检测人员的确认以后存储至 LIMS 数据库。

4. 没有接口的设备

原则上没有接口的仪器设备是不可以同 LIMS 直连在一起的，只有更新仪器或配置工作站系统来实现；对于没有数据接口的检验仪器生成的数据可由人工输入至 LIMS 系统中。

（七）数据接口

1. 开发接口

LabBuilder LIMS 提供开放的 API（应用程序接口）软件开发包，可通过该软件开发包提供的 API 来调用相关信息，如查找一段时间所有的检验任务、每个任务包含的样品、项目及数据等。

2. 输出至标准格式

检验数据可输出至 EXCEL、ACCESS、TEXT 及 XML 格式文件中。各种类型的报告单包括原始记录单、检验报告单及质量报表等，可输出至 EXCEL、PDF 文件中，并以附件方式通过 E-mail 进行发送。

3. 支持 COM 技术

支持 Windows 规范的 COM 技术。

（1）在 LIMS 中可直接调用邮件系统，如 Microsoft Outlook。

（2）在 LIMS 中可直接调用流程图设计软件，如 Microsoft Visio。

（3）在 LIMS 中可直接浏览标准格式文档，如 XLS、DOC、PPT、PDF 等格式。

4.OPC 数据传输

支持 OPC 数据通信协议，可与第三方信息系统（如 MES、ERP 等）进行集成，实现数据双向传输。

5. 移动设备接口

该接口可与移动通信设备进行连接，工作效率高，可以无障碍接收和发送短信息，在检验流程管理中可即时发送信息提示相关业务人员。

信息化作为生产力先进社会发展进步的一个象征性代表，利用迅猛发展的信息技术完成实验室的信息化建设，全面运用实验室有关资源具备的优势，能够有力推进资源节约型、智能驱动型社会的创建。然而传统实验室的信息管理和应用存在不易动态跟踪、管理效率较低、审核控制较难、信息共享开发不全、存储及利用效率低、重复及误差产生率大等不足。实验室信息化管理主要包括人才培育、资源以及信息化平台等三个层面，凸显特色优势，以实验室的数字化、虚拟化及信息化建设为核心进行各项工作，有力推进教学科研效率的充分发挥以及相关人员信息水平的大力培育。

信息安全是一个处于不断摸索阶段的课题。由于实验室平台信息资源具备的开发性，应当更进一步、更加细致地开展关于实验室信息管理平台安全性能的相关研究。总的来看，对实验室互联网信息安全造成威胁的几个方面主要包括内部原因、人为因素、硬件及软件设施、病毒入侵等。

三、基于大数据、物联网等信息化技术条件下实验室安全智能化管理

（一）概述

实验室开展广泛的教学科研活动，肩负巨大的社会责任，其安全关乎整个实验室的科研系统的正常运作。从广义上看，实验室安全不单单指实验室自身的安全，也涵盖实验室内部工作人员、实验设施、实验工具材料以及实验室"三废"的安全。实验室安全管理的目标就是要保障构成实验室的各要素以及开展实验的各类相关人员的安全。[①] 从整体上看，一些实验室在管理上存在着这些问题：工作人员安全事故防范意识淡薄，存在一定的侥幸心理；实验室管理模式严重滞后，管理手段单一且效率低下；实验室缺少安全教育培训，工作人员安全观念弱化。这些现象迫切需要实验室主管部门在安全稳定的前提下，建设并完善目前的实验室管理系统，以适应生产力的不断发展。

作为实验室管理系统的重要组成部分，实验室安全管理系统通过可视化大

---

① 张卫明. 物联网视域下高校实验室安全智能化管理研究 [J]. 微型电脑应用, 2018,34(08):54.

数据、物联网等信息化技术采集统一的身份认证、统一的通信平台、实验室人事管理系统、基于 RFID 的资产设备管理系统、信用系统等不同管理功能的信息化管理系统的有用数据，并创建相配套的 RFID 门禁系统、信息发布系统、智能电源管理系统、智能网络监控系统、环境智能管控系统等一系列不同功能的软硬件系统，利用物联网、智能传感、RFID、移动终端 APP 等信息化手段，共同协作生成集成化的安全管理系统平台，最终实现实验室安全智能化管理。

（二）构建实验室安全智能化管理系统

在实验室安全管理上，传统方法主要依靠以实验室管理人员为主体的人工安检来确保实验室的安全，实验室的安全系数高低与管理人员的安全管理职业素养挂钩。与传统方法不同，基于大数据、物联网等信息化技术的实验室管理系统的安全管理系统，则大幅度降低了实验室管理人员的工作强度。与人工相比，智能化的安全管理系统能够二十四小时不间断实时自动监测，充分保障实验室安全的各安全要素。当系统监测到异常时，会自动启动应急处置程序，确保实验室包括实验人员在内的安全。举个例子，一旦实验室的环境数据出现异常，如温度、湿度、照明度、空气等数据的采集值超出了限定范围，系统就会立即发出指令，通过各种智能反应装置，对实验室进行干预，解除安全隐患。

基于物联网等信息化技术的实验室管理系统的安全管理系统以 RFID 射频门禁系统为基石，门禁系统的主要任务是用来实时监测事物出入实验室的具体状况，判断出入事物的合法性和有效性，并按不同情况进行有序处理。而安全管理系统就是利用 RFID、网络摄像机、温度、湿度等传感设备对实验室信息进行安全监测，利用 GPRS/Wi-Fi 无线网络通信技术，通过统一的监控平台实现对现场的实时监控。系统可以根据已经设定的事件规则来进行监测，实时监控包括对人员出入实验室安全管理、仪器设备出入实验室安全管理、实验过程安全监控和针对实验室的全部环境因素及设备工作状态开展动态监管。

1. 人员出入实验室安全管理

实验室是高校实现系统化教学过程不可缺少的一个重要教学场所，物联网技术已渗透到实验室的诸多应用和管理过程中。高校的实验室除了实验室管理人员和实验技术人员会进入之外，往往有不少的师生乃至校外科研人员不时进入实验室进行实验操作。在实验室开放时间，当有人员进入 RFID 门禁系统时，固定安装在实验室出入口的 RFID 阅读器会自动扫描进入人员 RFID 电子标签身份卡信息，当阅读器获取进入人员的信息后，阅读器会将数据发送到实验室管理信息系统中，如果和预约授权的系统信息保持一致，那么该人员以合法身份被许可进入实验室正式展开实验，同时系统自动记录实验情况：使用人员、到达时间、使用的实验设备等信息，并在实验室管理人员管理终端上实时显示此类信息，以便管理人员实时掌握实验室人员情况并可随时核对检查。相反，若与预约授权的系统数据信息有出入，或者门禁系统读取不到该人员的 RFID 电子标签身份信息数据，但凭借辅助红外感应技术装置探测到人员进入实验室时，系统会自动发出报警提示，第一时间发送消息（APP 消息、微信、手机短信）通知实验室管理人员该人员属于非法进入，由管理人员采取相应的干预措施。整个过程由智能网络监控系统的摄像机自动聚焦拍摄对象，进行视频取证。实验人员结束实验离开实验室时，RFID 阅读器再次自动扫描该人员 RFID 电子标签身份卡信息并发送至实验室管理信息系统，由该系统记录该实验人员的离开时间和设备使用时长等信息，同时更新管理人员管理终端上的实时数据信息。在实验室处于关闭状态并且设定相关防范措施时，若辅助红外感应技术装置探测到有人员进入实验室时，系统会立即发出声光告警信号，并第一时间启动安防装置，通知学校保卫部门和公安部门，确保实验室的安全，防止被盗事件的发生。人员出入实验室安全管理，如图 9-1 所示。

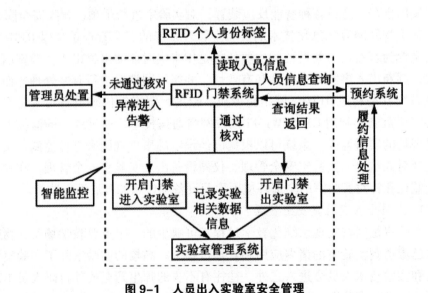

图 9-1　人员出入实验室安全管理

2. 仪器设备出入实验室安全管理

在实验仪器设备的全生命周期内，经常会由于实验室功能变更，实验室布局调整，仪器设备损坏维修、外借、外调等各种预知原因，会发生仪器设备移入移出实验室的情况，另外还有其他各种未知原因的仪器设备被改动位置，如被盗等。

实验室 RFID 门禁系统探测发现携带有 RFID 电子标签的仪器设备进入实验室时，门禁系统自动把此 RFID 信息传递给实验室管理系统，比对仪器设备数据，若不是该实验室仪器设备，管理系统自动群发告警消息（APP 消息、微信、手机短信）给原设备所处部门设备管理人员、资产设备管理系统管理员、当前实验室管理员，由上述管理人员确认仪器设备准入行为，一旦确认，系统认为设备发生调拨变更，自动修改仪器设备 RFID 数据，完成设备调拨处理。而实验室 RFID 门禁系统探测到有仪器设备搬出实验室，实验室管理系统立即发送告警消息给实验室管理人员进行处置。在实验室 RFID 门禁系统持续探测到设备有可能搬出大楼且管理人员未做出干预时，RFID 门禁系统自动关闭楼宇大门并启动声光报警装置。不管是仪器设备入还是出，实验室 RFID 门禁系统会第一时间触发启动智能网络监控系统的摄像机进行拍摄，以备后期查验。设备出入实验室安全管理，如图 9-2 所示。

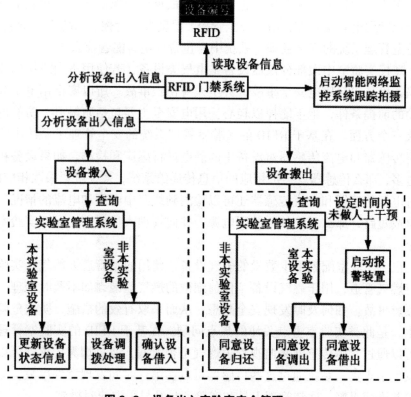

图 9-2　设备出入实验室安全管理

3. 实验过程监控管理

实验室 RFID 门禁系统监测到实验人员合法进入实验室开展实验时，借助智能摄像监控系统对实验操作人员进行空间位置坐标定位，记录实验人员的操作过程。同时智能摄像监控系统对全景图像进行不间断的图像记录和分析，当实验室内发生高频次大范围人员聚集走动等异常情况时，系统借助通信系统自动向实验室管理人员告警。利用声音传感装置和光线传感装置，采集实验室声光数据，当有高分贝的连续声响或光线异常变化超出设定的阈值时，系统即可判断有异常情况发生，自动向实验室管理人员发出告警，由管理人员查明事件发生原因，及时进行人工干预。实验室实时监控数据存入预先构建好的数据库中，包括实验室的实验情况、环境要素、设备工作状态的数据以及故障处理日志。

凭借智能摄像监控系统监控终端，实验室主管部门可以利用实时方式或回放方式巡检全校各实验室运行情况，也可以重新配置监控系统参数，调整监控计划。

4. 实验室环境要素智能管控

实验室的环境条件是实验正常展开的最重要的保证之一。实验室环境要素管控包括用电安全管控、用气安全管控、温度湿度管控、消防安全管控等方面。实验室管理系统的安全管理子系统中需包含环境智能管控系统。

高校实验室中大部分仪器设备是电气类设备，若使用不当或用电线路存在缺陷，极易引起用电安全事故，甚至人身伤亡事故。所以安全用电是开展实验活动的前提条件，绝不能掉以轻心。用电安全主要包括防触电、防静电、防电起火三个方面。在基于 RFID 的实验室管理系统的安全管理子系统中能够通过电压传感器和电流传感器对设备中的静电进行感应和检测，如果设备积累的静电过多，那么传感器就会把相应的信息传递给系统，系统就会采取相应的措施。通过电压传感器和电流传感器还可以检测到线路中电压和电流的情况，若出现漏电或短路，那么系统就会关闭电源，并向管理人员报警，保证实验室的用电安全。

很多实验室配置不少数量的燃气设备，使用的是管道天然气，实验室内铺设有燃气管道，用于燃气设备。任何细微的燃气泄漏，如不及时处理，极易发生爆燃事故。如何及时发现安全隐患，从而采取有效的措施，防止危险事故的发生，是此类实验室重点关注的焦点问题。在基于 RFID 的实验室管理系统中则可以通过气体传感器来监视管道燃气是否泄漏，通过烟雾传感器可以监控是否发生了火灾。系统通过这些传感器可以在第一时间发现意外事故，立即切断电源并进行报警，通知管理人员和实验人员及早采取应对措施。

电子类实验室仪器设备对于温度、湿度都有一定的工作范围要求，超出限定值，发生设备故障的概率将会大幅提高，对环境温度、湿度等要素实现智能管控是基于 RFID 的智能实验室必备条件。通过实验室内的温度、湿度传感器实时监测实验室内的环境条件，当环境温度高于或低于预设的限定值时，系统自动开启空气调节器；当湿度大于或小于限定值时，自动开启除湿机除湿或加湿器加湿。当传感器监测到一定的时间内温度、湿度连续超出限定值时，开启声光报警，并且系统发送短信告警实验室管理人员。实验室环境要素智能管控，如图 9-3 所示。

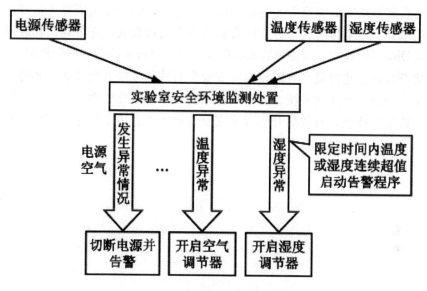

图 9-3　实验室环境要素智能管控

（三）实验室安全教育信息平台建设

保持实验室的安全平稳运行，除了需要健全和完善实验室安全管理措施和安全管理手段，提高实验室安全管理信息化、智能化水平之外，有必要对广大实验实践活动的参与者和实验室的管理者开展知识全面、内容丰富、手段多样的实验室安全教育，使他们能够全面掌握实验室安全管理制度、实验的正确操作流程、实验设备的安全使用规范以及实验室的安全逃生知识，提高实验室安全防范和应变能力，将灾害事故发生的概率降至最低，全面保障实验室工作人员的人身安全及财产安全。

数字化实验室安全教育平台能够为师生提供在线的、便捷的、交互式的自主学习平台。该平台针对实验室安全制度教育、实验操作流程教育、实验设备使用教育以及安全逃生知识教育等方面的学习文献资料进行数字信息化处理，采用包括文字、声音、视频等多种媒体展现形式，根据实验室安全教育知识内容的不同，建立不同的媒体知识库。研发以安卓、IOS、Windows 等系统为基础的移动手机终端 APP 应用或微信公众号，师生借助手机等移动终端可方便地阅读、浏览这些电子文献资料或视频教程，自主学习实验室安全知识，更迅捷地掌握实验室安全知识。在实验室安全教育信息平台中可建设实验室安全知识在线测试考核系统，在预先建立的实验室安全知识试题库中，系统可以随机生成测试试题，并可自动完成答卷批阅，给出测试结果。

实验室是培养高素质人才的必备设施，实验室的安全是研究人员开展实验项目的基础。改变传统人工方式的实验室安全管理模式，充分利用物联网等现代信息技术来构建实验室安全管理智能化系统，进行实验室安全管理的智能化、信息化及自动化建设是高等院校实验室安全管理的发展方向和必然趋势。构建实验室安全管理智能化系统，实现实验室安全的智能化管理，不仅能够提供安全有序的实验环境，有效提升实验室安全管理水平，更能够保障实验室财产和实验人员的安全，为实现安全校园发挥积极作用。

附　录

附录一　GB 13690—2009《化学品分类和危险性公示 通则》

1　范围

本标准规定了有关 GHS 的化学品分类及其危险公示。

本标准适用于化学品分类及其危险公示。本标准适用于化学品生产场所和消费品的标志。

2　规范性引用文件

下列文件中的条款，通过本标准的引用而成为本标准的条款。凡是注日期的引用文件，其随后所有的修改单（不包括勘误的内容）或修订版均不适用于本标准，然而，鼓励根据本标准达成协议的各方研究是否可使用这些文件的最新版本。凡是不注日期的引用文件，其最新版本适用于本标准。

GB/T 16483 化学品安全技术说明书 内容和项目顺序

GB 20576 化学品分类、警示标签和警示性说明安全规范　爆炸物

GB 20577 化学品分类、警示标签和警示性说明安全规范　易燃气体

GB 20578 化学品分类、警示标签和警示性说明安全规范　易燃气溶胶

GB 20579 化学品分类、警示标签和警示性说明安全规范　氧化性气体

GB 20580 化学品分类、警示标签和警示性说明安全规范　压力下气体

GB 20581 化学品分类、警示标签和警示性说明安全规范　易燃液体

GB 20582 化学品分类、警示标签和警示性说明安全规范　易燃固体

GB 20583 化学品分类、警示标签和警示性说明安全规范　自反应物质

GB 20584 化学品分类、警示标签和警示性说明安全规范 自热物质

GB 20585 化学品分类、警示标签和警示性说明安全规范 自燃液体

GB 20586 化学品分类、警示标签和警示性说明安全规范 自燃固体

GB 20587 化学品分类、警示标签和警示性说明安全规范 遇水放出易燃气体的物质

GB 20588 化学品分类、警示标签和警示性说明安全规范 金属腐蚀物

GB 20589 化学品分类、警示标签和警示性说明安全规范 氧化性液体

GB 20590 化学品分类、警示标签和警示性说明安全规范 氧化性固体

GB 20591 化学品分类、警示标签和警示性说明安全规范 有机过氧化物

GB 20592 化学品分类、警示标签和警示性说明安全规范 急性毒性

GB 20593 化学品分类、警示标签和警示性说明安全规范 皮肤腐蚀 / 刺激

GB 20594 化学品分类、警示标签和警示性说明安全规范 严重眼睛损伤 / 眼睛刺激性

GB 20595 化学品分类、警示标签和警示性说明安全规范 呼吸或皮肤过敏

GB 20596 化学品分类、警示标签和警示性说明安全规范 生殖细胞突变性

GB 20597 化学品分类、警示标签和警示性说明安全规范 致癌性

GB 20598 化学品分类、警示标签和警示性说明安全规范 生殖毒性

GB 20599 化学品分类、警示标签和警示性说明安全规范 特异性靶器官系统毒性

GB 20601 化学品分类、警示标签和警示性说明安全规范 特异性靶器官系统毒性反复接触

GB 20602 化学品分类、警示标签和警示性说明安全规范 对水环境的危害

GB/T 22272 ～ GB/T 22278 良好实验室规范（GLP）系列标准

ISO 11683:1997 包装 触觉危险警告 要求

国际化学品安全方案 / 环境卫生标准第 225 号文件"评估接触化学品引起的生殖健康风险所用的原则"

3 术语和定义

GHS 转化的系列国家标准（GB 20576 ～ GB 20599、GB 20601、GB 20602）以及下列术语和定义适用于本标准。

3.1 化学名称 chemical identity

唯一标识一种化学品的名称。这一名称可以是符合国际纯粹与应用化学联合会（IUPAC）或化学文摘社（CAS）的命名制度的名称，也可以是一种技术名称。

3.2　压缩气体 compressed gas

加压包装时在 –50℃时完全是气态的一种气体；包括临界温度为 ≤ –50℃的所有气体。

3.3　闪点 flash point

规定试验条件下施用某种点火源造成液体汽化而着火的最低温度（校正至标准大气压 101.3kPa）。

3.4　危险类别 hazard category

每个危险种类中的标准划分，如口服急性毒性包括五种危险类别而易燃液体包括四种危险类别。这些危险类别在一个危险种类内比较危险的严重程度，不可将它们视为较为一般的危险类别比较。

3.5　危险种类 hazard class

危险种类指物理、健康或环境危险的性质，例如易燃固体、致癌性、口服急性毒性。

3.6　危险性说明 hazard statement

对某个危险种类或类别的说明，它们说明一种危险产品的危险性质，在情况适合时还说明其危险程度。

3.7　初始沸点 initial boiling point

一种液体的蒸气压力等于标准压力（101.3kPa），第一个气泡出现时的温度。

3.8　标签 label

关于一种危险产品的一组适当的书面、印刷或图形信息要素，因为与目标部门相关而被选定，它们附于或印刷在一种危险产品的直接容器上或它的外部包装上。

3.9　标签要素 label element

统一用于标签上的一类信息，例如象形图、信号词。

3.10　《联合国关于危险货物运输的建议书·规章范本》（以下简称规章范本）recommendations on the transport of dangerous goods, model regulations

经联合国经济贸易理事会认可，以联合国关于危险货物运输建议书附件"关于运输危险货物的规章范本"为题，正式出版的文字材料。

3.11　象形图 pictogram

一种图形结构，它可能包括一个符号加上其他图形要素，例如边界、背景图案或颜色，意在传达具体的信息。

3.12 防范说明 precautionary statement

一个短语 / 和（或）象形图，说明建议采取的措施，以最大限度地减少或防止因接触某种危险物质或因对它存储或搬运不当而产生的不利效应。

3.13 产品标识符 product identifier

标签或安全数据单上用于危险产品的名称或编号。它提供一种唯一的手段使产品使用者能够在特定的使用背景下识别该物质或混合物，例如在运输、消费时或在工作场所。

3.14 信号词 signal word

标签上用来表明危险的相对严重程度和提醒读者注意潜在危险的单词。GHS 使用"危险"和"警告"作为信号词。

3.15 图形符号 symbol

旨在简明地传达信息的图形要素。

4 分类

4.1 理化危险

4.1.1 爆炸物

爆炸物分类、警示标签和警示性说明见 GB 20576。

4.1.1.1 爆炸物质（或混合物）是这样一种固态或液态物质（或物质的混合物），其本身能够通过化学反应产生气体，而产生气体的温度、压力和速度能对周围环境造成破坏。其中也包括发火物质，即使它们不放出气体。

发火物质（或发火混合物）是这样一种物质或物质的混合物，它旨在通过非爆炸自持放热化学反应产生的热、光、声、气体、烟或所有这些的组合来产生效应。

爆炸性物品是含有一种或多种爆炸性物质或混合物的物品。

烟火物品是包含一种或多种发火物质或混合物的物品。

4.1.1.2 爆炸物种类包括：

a）爆炸性物质和混合物；

b）爆炸性物品，但不包括下述装置：其中所含爆炸性物质或混合物由于其数量或特性，在意外或偶然点燃或引爆后，不会由于迸射、发火、冒烟、发热或巨响而在装置之外产生任何效应。

c）在 a）和 b）中未提及的为产生实际爆炸或烟火效应而制造的物质、混合物和物品。

4.1.2 易燃气体

易燃气体分类、警示标签和警示性说明见 GB 20577。

易燃气体是在 20℃和 101.3kPa 标准压力下，与空气有易燃范围的气体。

4.1.3 易燃气溶胶

易燃气溶胶分类、警示标签和警示性说明见 GB 20578。

气溶胶是指气溶胶喷雾罐，系任何不可重新罐装的容器，该容器由金属、玻璃或塑料制成，内装强制压缩、液化或溶解的气体，包含或不包含液体、膏剂或粉末，配有释放装置，可使所装物质喷射出来，形成在气体中悬浮的固态或液态微粒或形成泡沫、膏剂或粉末或处于液态或气态。

4.1.4 氧化性气体

氧化性气体分类、警示标签和警示性说明见 GB 20579。

氧化性气体是一般通过提供氧气，比空气更能导致或促使其他物质燃烧的任何气体。

4.1.5 压力下气体

压力下气体分类、警示标签和警示性说明见 GB 20580。

压力下气体是指高压气体在压力等于或大于 200kPa（表压）下装入贮器的气体，或是液化气体或冷冻液化气体。

压力下气体包括压缩气体、液化气体、溶解液体、冷冻液化气体。

4.1.6 易燃液体

易燃液体分类、警示标签和警示性说明见 GB 20581。

易燃液体是指闪点不高于 93℃的液体。

4.1.7 易燃固体

易燃固体分类、警示标签和警示性说明见 GB 20582。

易燃固体是容易燃烧或通过摩擦可能引燃或助燃的固体。

易于燃烧的固体为粉状、颗粒状或糊状物质，它们在与燃烧着的火柴等火源短暂接触即可点燃和火焰迅速蔓延的情况下，都非常危险。

4.1.8 自反应物质或混合物

自反应物质分类、警示标签和警示性说明见 GB 20583。

4.1.8.1 自反应物质或混合物是即使没有氧（空气）也容易发生激烈放热分解的热不稳定液态或固态物质或者混合物。本定义不包括根据统一分类制度分类为爆炸物、有机过氧化物或氧化物质的物质和混合物。

4.1.8.2 自反应物质或混合物如果在实验室试验中其组分容易起爆、迅速爆燃或在封闭条件下加热时显示剧烈效应，应视为具有爆炸性质。

4.1.9 自燃液体

自燃液体分类、警示标签和警示性说明见 GB 20585。

自燃液体是即使数量小也能在与空气接触后 5min 之内引燃的液体。

4.1.10 自燃固体

自燃固体分类、警示标签和警示性说明见 GB 20586。

自燃固体是即使数量小也能在与空气接触后 5min 之内引燃的固体。

4.1.11 自热物质和混合物

自热物质分类、警示标签和警示性说明见 GB 20584。

自热物质是发火液体或固体以外,与空气反应不需要能源供应就能够自己发热的固体或液体物质或混合物;这类物质或混合物与发火液体或固体不同,因为这类物质只有数量很大(公斤级)并经过长时间(几小时或几天)才会燃烧。

4.1.12 遇水放出易燃气体的物质或混合物

遇水放出易燃气体的物质或混合物分类、警示标签和警示性说明见 GB 20587。

遇水放出易燃气体的物质或混合物是通过与水作用,容易具有自燃性或放出危险数量的易燃气体的固态或液态物质或混合物。

4.1.13 氧化性液体

氧化性液体分类、警示标签和警示性说明见 GB 20589。

氧化性液体是本身未必燃烧,但通常因放出氧气可能引起或促使其他物质燃烧的液体。

4.1.14 氧化性固体

氧化性固体分类、警示标签和警示性说明见 GB 20590。

氧化性固体是本身未必燃烧,但通常因放出氧气可能引起或促使其他物质燃烧的固体。

4.1.15 有机过氧化物

有机过氧化物分类、警示标签和警示性说明见 GB 20591。

4.1.15.1 有机过氧化物是含有二价结构的液态或固态有机物质,可以看作是一个或两个氢原子被有机基替代的过氧化氢衍生物。该术语也包括有机过氧化物配方(混合物)。有机过氧化物是热不稳定物质或混合物,容易放热自加速分解。另外,它们可能具有下列一种或几种性质:

a)易于爆炸分解;

b)迅速燃烧;

c)对撞击或摩擦敏感;

e）与其他物质发生危险反应。

4.1.15.2　如果有机过氧化物在实验室试验中，在封闭条件下加热时组分容易爆炸、迅速爆燃或表现出剧烈效应，则可认为它具有爆炸性质。

4.1.16　金属腐蚀剂

金属腐蚀物分类、警示标签和警示性说明见 GB 20588。

腐蚀金属的物质或混合物是通过化学作用显著损坏或毁坏金属的物质或混合物。

4.2　健康危险

4.2.1　急性毒性

急性毒性分类、警示标签和警示性说明见 GB 20592。急性毒性是指在单剂量或在 24h 内多剂量口服或皮肤接触一种物质，或吸入接触 4h 之后出现的有害效应。

4.2.2　皮肤腐蚀 / 刺激

皮肤腐蚀 / 刺激分类、警示标签和警示性说明见 GB 20593。

皮肤腐蚀是对皮肤造成不可逆损伤；即施用试验物质达到 4h 后，可观察到表皮和真皮坏死。腐蚀反应的特征是溃疡、出血、有血的结痂，而且在观察期 14d 结束时，皮肤、完全脱发区域和结痂处由于漂白而褪色。应考虑通过组织病理学来评估可疑的病变。

皮肤刺激是施用试验物质达到 4h 后对皮肤造成可逆损伤。

4.2.3　严重眼损伤 / 眼刺激

严重眼睛损伤 / 眼睛刺激性分类、警示标签和警示性说明见 GB 20594。

严重眼损伤是在眼前部表面施加试验物质之后，对眼部造成在施用 21d 内并不完全可逆的组织损伤，或严重的视觉物理衰退。

眼刺激是在眼前部表面施加试验物质之后，在眼部产生在施用 21d 内完全可逆的变化。

4.2.4　呼吸或皮肤过敏

呼吸或皮肤过敏分类、警示标签和警示性说明见 GB 20595。

4.2.4.1　呼吸过敏物是吸入后会导致气管超过敏反应的物质。皮肤过敏物是皮肤接触后会导致过敏反应的物质。

4.2.4.2　过敏包含两个阶段：第一个阶段是某人因接触某种变应原而引起特定免疫记忆。第二阶段是引发，即某一致敏个人因接触某种变应原而产生细胞介导或抗体介导的过敏反应。

4.2.4.3　就呼吸过敏而言，随后为引发阶段的诱发，其形态与皮肤过敏相同。对于皮肤过敏，需有一个让免疫系统能学会作出反应的诱发阶段；此后，可出现临床症状，这时的接触就足以引发可见的皮肤反应（引发阶段）。因此，预测性的试验通常取这种形态，其中有一个诱发阶段，对该阶段的反应则通过标准的引发阶段加以计量，典型做法是使用斑贴试验。直接计量诱发反应的局部淋巴结试验则是例外做法。人体皮肤过敏的证据通常通过诊断性斑贴试验加以评估。

4.2.4.4　就皮肤过敏和呼吸过敏而言，对于诱发所需的数值一般低于引发所需数值。

4.2.5　生殖细胞致突变性

4.2.5.1　生殖细胞突变性分类、警示标签和警示性说明见 GB 20596。

4.2.5.2　本危险类别涉及的主要是可能导致人类生殖细胞发生可传播给后代的突变的化学品。但是，在本危险类别内对物质和混合物进行分类时，也要考虑活体外致突变性 / 生殖毒性试验和哺乳动物活体内体细胞中的致突变性 / 生殖毒性试验。

4.2.5.3　本标准中使用的引起突变、致变物、突变和生殖毒性等词的定义为常见定义。突变定义为细胞中遗传物质的数量或结构发生永久性改变。

4.2.5.4　"突变"一词用于可能表现于表型水平的可遗传的基因改变和已知的基本 DNA 改性（例如，包括特定的碱基对改变和染色体易位）。引起突变和致变物两词用于在细胞和 / 或有机体群落内产生不断增加的突变的试剂。

4.2.5.5　生殖毒性的和生殖毒性这两个较具一般性的词汇用于改变 DNA 的结构、信息量、分离试剂或过程，包括那些通过干扰正常复制过程造成 DNA 损伤或以非生理方式（暂时）改变 DNA 复制的试剂或过程。生殖毒性试验结果通常作为致突变效应的指标。

4.2.6　致癌性

4.2.6.1　致癌性分类、警示标签和警示性说明见 GB 20597。

4.2.6.2　致癌物一词是指可导致癌症或增加癌症发生率的化学物质或化学物质混合物。在实施良好的动物实验性研究中诱发良性和恶性肿瘤的物质也被认为是假定的或可疑的人类致癌物，除非有确凿证据显示该肿瘤形成机制与人类无关。

4.2.6.3　产生致癌危险的化学品的分类基于该物质的固有性质，并不提供关于该化学品的使用可能产生的人类致癌风险水平的信息。

4.2.7　生殖毒性

生殖毒性分类、警示标签和警示性说明见 GB 20598。

4.2.7.1　生殖毒性

生殖毒性包括对成年雄性和雌性性功能和生育能力的有害影响，以及在后代中的发育毒性。下面的定义是国际化学品安全方案／环境卫生标准第 225 号文件中给出的。

在本标准中，生殖毒性细分为两个主要标题：

a）对性功能和生育能力的有害影响；

b）对后代发育的有害影响。

有些生殖毒性效应不能明确地归因于性功能和生育能力受损害或者发育毒性。尽管如此，具有这些效应的化学品将划为生殖有毒物并附加一般危险说明。

4.2.7.2　对性功能和生育能力的有害影响化学品干扰生殖能力的任何效应。这可能包括（但不限于）对雌性和雄性生殖系统的改变，对青春期的开始、配子产生和输送、生殖周期正常状态、性行为、生育能力、分娩怀孕结果的有害影响，过早生殖衰老，或者对依赖生殖系统完整性的其他功能的改变。

对哺乳期的有害影响或通过哺乳期产生的有害影响也属于生殖毒性的范围，但为了分类目的，对这样的效应进行了单独处理。这是因为对化学品对哺乳期的有害影响最好进行专门分类，这样就可以为处于哺乳期的母亲提供有关这种效应的具体危险警告。

4.2.7.3　对后代发育的有害影响

从其最广泛的意义上来说，发育毒性包括在出生前或出生后干扰孕体正常发育的任何效应，这种效应的产生是由于受孕前父母一方的接触，或者正在发育之中的后代在出生前或出生后性成熟之前这一期间的接触。但是，发育毒性标题下的分类主要是为了为怀孕女性和有生殖能力的男性和女性提出危险警告。因此，为了务实的分类目的，发育毒性实质上是指怀孕期间引起的有害影响，或父母接触造成的有害影响。这些效应可在生物体生命周期的任何时间显现出来。

发育毒性的主要表现包括：

a）发育中的生物体死亡；

b）结构异常畸形；

c）生长改变；

d）功能缺陷。

4.2.8　特异性靶器官系统毒性———一次接触

特异性靶器官系统毒性一次接触分类、警示标签和警示性说明见 GB 20599。

4.2.8.1 本条款的目的是提供一种方法，用以划分由于单次接触而产生特异性、非致命性靶器官／毒性的物质。所有可能损害机能的，可逆和不可逆的，即时和／或延迟的并且在 4.2.1～4.2.7 中未具体论述的显著健康影响都包括在内。

4.2.8.2 分类可将化学物质划为特定靶器官有毒物，这些化学物质可能对接触者的健康产生潜在有害影响。

4.2.8.3 分类取决于是否拥有可靠证据，表明在该物质中的单次接触对人类或试验动物产生了一致的、可识别的毒性效应，影响组织／器官的机能或形态的毒理学显著变化，或者使生物体的生物化学或血液学发生严重变化，而且这些变化与人类健康有关。人类数据是这种危险分类的主要证据来源。

4.2.8.4 评估不仅要考虑单一器官或生物系统中的显著变化，而且还要考虑涉及多个器官的严重性较低的普遍变化。

4.2.8.5 特定靶器官毒性可能以与人类有关的任何途径发生，即主要以口服、皮肤接触或吸入途径发生。

4.2.9 特异性靶器官系统毒性——反复接触

特异性靶器官系统毒性反复接触分类、警示标签和警示性说明见 GB 20601。

4.2.9.1 本条款的目的是对由于反复接触而产生特定靶器官／毒性的物质进行分类。所有可能损害机能的，可逆和不可逆的，即时和／或延迟的显著健康影响都包括在内。

4.2.9.2 分类可将化学物质划为特定靶器官／有毒物，这些化学物质可能对接触者的健康产生潜在有害影响。

4.2.9.3 分类取决于是否拥有可靠证据，表明在该物质中的单次接触对人类或试验动物产生了一致的、可识别的毒性效应，影响组织／器官的机能或形态的毒理学显著变化，或者使生物体的生物化学或血液学发生严重变化，而且这些变化与人类健康有关。人类数据是这种危险分类的主要证据来源。

4.2.9.4 评估不仅要考虑单一器官或生物系统中的显著变化，而且还要考虑涉及多个器官的严重性较低的普遍变化。

4.2.9.5 特定靶器官／毒性可能以与人类有关的任何途径发生，即主要以口服、皮肤接触或吸入途径发生。

4.2.10 吸入危险

注：本危险性我国还未转化成为国家标准。

4.2.10.1　本条款的目的是对可能对人类造成吸入毒性危险的物质或混合物进行分类。

4.2.10.2　"吸入"指液态或固态化学品通过口腔或鼻腔直接进入或者因呕吐间接进入气管和下呼吸系统。

4.2.10.3　吸入毒性包括化学性肺炎、不同程度的肺损伤或吸入后死亡等严重急性效应。

4.2.10.4　吸入开始是在吸气的瞬间，在吸一口气所需的时间内，引起效应的物质停留在咽喉部位的上呼吸道和上消化道交界处时。

4.2.10.5　物质或混合物的吸入可能在消化后呕吐出来时发生。这可能影响到标签，特别是如果由于急性毒性，可能考虑消化后引起呕吐的建议。不过，如果物质/混合物也呈现吸入毒性危险，引起呕吐的建议可能需要修改。

4.2.10.6　特殊考虑事项

a）审阅有关化学品吸入的医学文献后发现有些烃类（石油蒸馏物）和某些烃类氯化物已证明对人类具有吸入危险。伯醇和甲酮只有在动物研究中显示吸入危险。

b）虽然有一种确定动物吸入危险的方法已在使用，但还没有标准化。动物试验得到的正结果只能用作可能有人类吸入危险的指导。在评估动物吸入危险数据时必须慎重。

c）气溶胶/烟雾产品的分类

气溶胶/烟雾产品通常分布在密封容器、扳机式和按钮式喷雾器等容器内。这些产品分类的关键是，是否有一团液体在喷嘴内形成，因此可能被吸出。如果从密封容器喷出的烟雾产品是细粒的，那么可能不会有一团液体形成。另一方面，如果密封容器是以气流形式喷出产品，那么可能有一团液体形成然后可能被吸出。一般来说，扳机式和按钮式喷雾器喷出的烟雾是粗粒的，因此可能有一团液体形成然后可能被吸出。如果按钮装置可能被拆除，因此内装物可能被吞咽，那么就应当考虑产品的分类。

4.3　环境危险

4.3.1　危害水生环境

对水环境的危害分类、警示标签和警示性说明见 GB 20602。

4.3.2　急性水生毒性是指物质对短期接触它的生物体造成伤害的固有性质。

a）物质的可用性是指该物质称为可溶解或分解的范围。对金属可用性来说，则指金属（Mo）化合物的金属离子部分可以从化合物（分子）的其他部分分解出来的范围。

b）生物利用率是指一种物质被有机体吸收以及在有机体内一个区域分布的范围。它依赖于物质的物理化学性质、生物体的解剖学和生理学、药物动力学和接触途径。可用性并不是生物利用率的前提条件。

c）生物积累是指物质以所有接触途径（即空气、水、沉积物／土壤和食物）在生物体内吸收、转化和排出的净结果。

d）生物浓缩是指一种物质以水传播接触途径在生物体内吸收、转化和排出的净结果。

e）慢性水生毒性是指物质在与生物体生命周期相关的接触期间对水生生物产生有害影响的潜在性质或实际性质。

f）复杂混合物或多组分物质或复杂物质是指由不同溶解度和物理化学性质的单个物质复杂混合而成的混合物。在大部分情况下，它们可以描述为具有特定碳链长度／置换度数目范围的同源物质系列。

g）降解是指有机分子分解为更小的分子，并最后分解为二氧化碳、水和盐。

4.3.3 基本要素

a）基本要素是：急性水生毒性；潜在或实际的生物积累；有机化学品的降解（生物或非生物）；慢性水生毒性。

b）最好使用通过国际统一试验方法得到的数据。一般来说，淡水和海生物种毒性数据可被认为是等效数据，这些数据建议根据良好实验室规范（GLP）的各项原则，符合 GB/T 22272 ～ GB/T 22278 良好实验室规范（GLP）系列标准。

4.3.4 急性水生毒性

4.3.5 生物积累潜力

4.3.6 快速降解性

a）环境降解可能是生物性的，也可能是非生物性的（例如水解）。

b）诸如水解之类的非生物降解、非生物和生物主要降解、非水介质中的降解和环境中已证实的快速降解都可以在定义快速降解性时加以考虑。

4.3.7 慢性水生毒性

慢性毒性数据不像急性数据那么容易得到，而且试验程序范围也未标准化。

5 危险性公示

5.1 危险性公示：标签

5.1.1 标签涉及的范围

制定 GHS 标签的程序：a）分配标签要素；b）印制符号；c）印制危险象形图；d）信号词；e）危险说明；f）防范说明和象形图；g）产品和供应商标识；h）

多种危险和信息的先后顺序；ⅰ)表示 GHS 标签要素的安排；ⅰ)特殊的标签安排。

5.1.2　标签要素

关于每个危险种类的各个标准均用表格详细列述了已分配给 GHS 每个危险类别的标签要素(符号、信号词、危险说明)。危险类别反映统一分类的标准。

5.1.3　印制符号

下列危险符号是 GHS 中应当使用的标准符号。除了将用于某些健康危险的新符号，即感叹号及鱼和树之外，它们都是规章范本使用的标准符号集的组成部分，见图 1。

火　焰 	圆圈上方火焰 	爆炸弹 
腐　蚀 	高压气瓶	骷髅和交叉骨 
感叹号	环　境 	健康危险 

图 1　GHS 中应当使用的标准符号

5.1.4　印制象形图和危险象形图

5.1.4.1　象形图指一种图形构成，它包括一个符号加上其他图形要素，如边界、背景图样或颜色，意在传达具体的信息。

5.1.4.2　形状和颜色

5.1.4.2.1 GHS 使用的所有危险象形图都应是设定在某一点的方块形状。

5.1.4.2.2 对于运输，应当使用规章范本规定的象形图（在运输条例中通常称为标签）。规章范本规定了运输象形图的规定尺寸至少为 100mm×100mm，但非常小的包装和高压气瓶可以例外，使用较小的象形图。运输象形图包括标签上半部的符号。规章范本要求将运输象形图印刷或附在背景有色差的包装上。以下例子是按照规章范本制作的典型标签，用来标识易燃液体危险，见图 2。

图2　《联合国规章范本》中易燃液体的象形图

（符号：火焰；黑色或白色；背景：红色；下角为数字 3；最小尺寸 100mm×100mm）

5.1.4.2.3　GHS（与规章范本的不同）规定的象形图，应当使用黑色符号加白色背景，红框要足够宽，以便醒目。不过，如果此种象形图用在不出口的包装的标签上，主管当局也可给予供应商或雇主酌情处理权，让其自行决定是否使用黑边。此外，在包装不为规章范本所覆盖的其他使用背景下，主管当局也可允许使用规章范本的象形图。以下例子是 GHS 的一个象形图，用来标识皮肤刺激物（见图 3）。

5.2　分配标签要素

5.2.1　规章范本所覆盖的包装所需要的信息

在出现规章范本象形图的标签上，不应出现 GHS 的象形图。危险货物运输不要求使用的 GHS 象形图，象形图不应出现在散货箱、公路车辆或铁路货车 / 罐车上

5.2.2　GHS 标签所需的信息（见图 3）

图3　皮肤刺激物象形图

5.2.2.1　信号词

信号词指标签上用来表明危险的相对严重程度和提醒读者注意潜在危险的单词。GHS使用的信号词是"危险"和"警告"。"危险"用于较为严重的危险类别（即主要用于第1类和第2类），而"警告"用于较轻的类别。关于每个危险种类的各个章节均以图表详细列出了已分配给GHS每个危险类别的信号词。

5.2.2.2　危险说明

危险说明指分配给一个危险种类和类别的短语，用来描述一种危险产品的危险性质，在情况合适时还包括其危险程度。关于每个危险种类的各个章节均以标签要素表详细列出了已分配给GHS每个危险类别的危险说明。

危险说明和每项说明专用的标定代码列于《化学品分类、警示标签和警示性说明安全规范》系列标准中。危险说明代码用作参考。此种代码并非危险说明案文的一部分，不成用其替代危险说明案文。

5.2.2.3　防范说明和象形图

防范说明指一个短语[和（或）象形图]，说明建议采取的措施，以最大限度地减少或防止因接触某种危险物质或因对它存储或搬运不当而产生的不利效应。GHS的标签应当包括适当的防范信息，但防范信息的选择权属于标签制作者或主管当局。附录A和附录B中有可以使用的防范说明的例子和在主管当局允许的情况下可以使用的防范象形图的例子。

5.2.2.4　产品标识符

5.2.2.4.1 在GHS标签上应使用产品标识符，而且标识符应与安全数据单上使用的产品标识符相一致。如果一种物质或混合物为规章范本所覆盖，包装上还应使用联合国正确的运输名称。

5.2.2.4.2 物质的标签应当包括物质的化学名称。在急性毒性、皮肤腐蚀或严重眼损伤、生殖细胞突变性、致癌性、生殖毒性、皮肤或呼吸道敏感或靶器官系统毒性出现在混合物或合金标签上时，标签上应当包括可能引起这些危险的所有成分或合金元素的化学名称。主管当局也可要求在标签上列出可能导致混合物或合金危险的所有成分或合金元素。

5.2.2.4.3 如果一种物质或混合物专供工作场所使用，主管当局可选择将处理权交给供应商，让其决定是将化学名称列入安全数据单上还是列在标签上。

5.2.2.4.4 主管当局有关机密商业信息的规则优先于有关产品标识的规则。这就是说，在某种成分通常被列在标签上的情况下，如果它符合主管当局关于机密商业信息的标准，那就不必将它的名称列在标签上。

5.2.2.4.5　供应商标识

标签上应当提供物质或混合物的生产商或供应商的名称、地址和电话号码。

5.3　多种危险和危险信息的先后顺序

在一种物质或混合物的危险不只是GHS所列一种危险时，可适用以下安排。因此，在一种制度不在标签上提供有关特定危险的信息的情况下，应相应修改这些安排的适用性。

5.3.1　图形符号分配的先后顺序

对于规章范本所覆盖的物质和混合物，物理危险符号的先后顺序应遵循规章范本的规则。在工作场所的各种情况中，主管当局可要求使用物理危险的所有符号。对于健康危险，适用以下先后顺序原则：

a）如果适用骷髅和交叉骨，则不应出现感叹号；

b）如果适用腐蚀符号，则不应出现感叹号，用以表示皮肤或眼刺激；

c）如果出现有关呼吸道敏感的健康危险符号，则不应出现感叹号，用以表示皮肤敏感或皮肤或眼刺激。

5.3.2　信号词分配的先后顺序

如果适用信号词"危险"，则不应出现信号词"警告"。

5.3.3　危险性说明分配的先后顺序

所有分配的危险说明都应出现在标签上。主管当局可规定它们的出现顺序。

5.4　GHS标签要素的显示安排

5.4.1　GHS信息在标签上的位置

应将GHS的危险象形图、信号词和危险说明一起印制在标签上。主管当局可规定它们以及防范信息的展示布局，主管当局也可让供应商酌情处理。具体的指导和例子载于关于个别危险种类的各个标准中。

5.4.2　补充信息

主管当局对是否允许使用不违反 GHS 中关于对非标准化与补充信息规定的信息拥有处理权。主管当局可规定这种信息在标签上的位置，也可让供应商酌定。不论采用何种方法，补充信息的安排不应妨碍 GHS 信息的识别。

5.4.3　象形图外颜色的使用

颜色除了用于象形图中，还可用于标签的其他区域，以执行特殊的标签要求，如将农药色带用于信号词和危险说明或用作它们的背景，或执行主管当局的其他规定。

5.5　特殊标签安排

主管当局可允许在标签和安全数据单上，或只通过安全数据单公示有关致癌物、生殖毒性和靶器官系统毒性反复接触的某些危险信息（有关这些种类的相关临界值的详细情况，见具体各章）。同样，对于金属和合金，在它们大量而不是分散供应时，主管当局可允许只通过安全数据单公示危险信息。

5.5.1　工作场所的标签

5.5.1.1　属于 GHS 范围内的产品将在供应工作场所的地点贴上 GHS 标签，在工作场所，标签应一直保留在提供的容器上。GHS 的标签或标签要素也应用于工作场所的容器（见附录 C）。不过，主管当局可允许雇主使用替代手段，以不同的书面或显示格式向工人提供同样的信息，如果此种格式更适合于工作场所而且与 GHS 标签能同样有效地公示信息的话。例如，标签信息可显示在工作区而不是在单个容器上。

5.5.1.2　如果危险化学品从原始供应商容器倒入工作场所的容器或系统，或化学品在工作场所生产但不用预定用于销售或供应的容器包装，通常需要使用替代手段向工人提供 GHS 标签所载信息。在工作场所生产的化学品可以用许多不同的方法容纳或存储，例如，为了进行试验或分析而收集的小样品、包括阀门在内的管道系统、工艺过程容器或反应容器、矿车、传送带或独立的固体散装存储。采用成批制造工艺过程时，可以使用一个混合容器容纳若干不同的化学混合物。

5.5.1.3　在许多情况下，例如由于容器尺寸的限制或不能使用工艺过程容器，制作完整的 GHS 标签并将它附着在容器上是不切实际的。在工作场所的一些情况下，化学品可能会从供应商容器中移出，这方面的部分例子有：用于实际或分析的容器、存储容器、管道或工艺过程反应系统或工人在短时限内使用化学品时使用的临时容器。对于打算立即使用的移出的化学品，可标上其主要组成部分并请使用者直接参阅供应商的标签信息和安全数据单。

5.5.1.4 所有此类制度都应确保危险公示的清楚明确。应当训练工人，使其了解工作场所使用的具体公示方法。替代方法的例子包括：将产品标识符与 GHS 符号和其他象形图结合使用，以说明防范措施；对于复杂系统，将工艺流程图与适当的安全数据单结合使用，以标明管道和容器中所装的化学品；对于管道系统和加工设备，展示 GHS 的符号、颜色和信号词；对于固定管道，使用永久性布告；对于批料混合容器，将批料单或处方贴在它们上面，以及在管道带上印上危险符号和产品标识符。

5.5.2 基于伤害可能性的消费产品标签

所有制度都应使用基于危险的 GHS 分类标准，然而主管当局可授权使用提供基于伤害可能性的信息的消费标签制度（基于风险的标签）。在后一种情况下，主管当局将制定用来确定产品使用的潜在接触和风险的程序。基于这种方法的标签提供有关认定风险的有针对性的信息但可能不包括有关慢性健康效应的某些信息（例如反复接触后的靶器官系统毒性、生殖毒性和致癌性），这些信息将出现在只基于危险的标签上。

5.5.3 触觉警告

如果使用触觉警告应符合 ISO 11683：1997。

5.6 危险性公示：安全数据单（SDS）

5.6.1 确定是否应当制作 SDS 的标准

应当为符合 GHS 中物理、健康或环境危险统一标准的所有物质和混合物及含有符合致癌性、生殖毒性或靶器官系统毒性标准且浓度超过混合物标准所规定的安全数据单临界极限的物质的所有混合物制作安全数据单，见 GB/T 16483。主管当局还可要求为不符合危险类别标准但含有某种浓度的危险物质的混合物制作安全数据单。

5.6.2 关于编制 SDS 的一般指导

5.6.2.1 临界值/浓度极限值

a）应根据表 1 所示通用临界值/浓度极限值提供安全数据单。

表 1 每个健康和环境危险种类的临界值/浓度极限值

危险种类	临界值/浓度极限值
急性毒性	≥ 1.0%
皮肤腐蚀/刺激	≥ 1.0%
严重眼损伤/眼刺激	≥ 1.0%

续　表

危险种类	临界值 / 浓度极限值
呼吸 / 皮肤过敏作用	≥ 1.0%
生殖细胞致突变性：第 1 类	≥ 0.1%
生殖细胞致突变性：第 2 类	≥ 1.0%
致癌性	≥ 0.1%
生殖毒性	≥ 0.1%
特定靶器官系统毒性（单次接触）	≥ 1.0%
特定靶器官系统毒性（重复接触）	≥ 1.0%
危害水生环境	≥ 1.0%

b）可能出现这样的情况，即现有的危险数据可能证明，基于其他临界值 / 浓度极限值得分类比基于关于健康和环境危险种类的各章所规定的通用临界值 / 浓度极限值得分类更合理。在此类具有临界值用于分类时，它们也应适用于编制 SDS 的义务。

c）主管当局可能要求为这样的混合物编制 SDS；它们由于适用加和性公式而不进行急性毒性或水生毒性分类，但它们含有浓度等于或大于 1% 的急性有毒物质或对水生环境有毒的物质。

d）主管当局可能决定不对一个危险种类内的某些类别实行管理。在此种情况下，没有义务编制 SDS。

e）一旦弄清某种物质或混合物需要 SDS，那么需要列入 SDS 中的信息在所有情况下都应按照 GHS 的要求提供。

5.6.2.2　SDS 的格式

安全数据单中的信息应按 16 个项目提供。

5.6.2.3　SDS 的内容

a）SDS 应清楚说明用来确定危险的数据。如果可适用和可获得，最低限度的信息应列在安全数据单的有关标题下。如果在某一特定小标题下具体的信息不能适用或不能获得，则 SDS 应予以明确指出。主管当局可要求提供补充信息。

b）有些小标题实际上涉及国家性或区域性信息，如“欧洲联盟委员会编号”和“职业接触极限”。供应商或雇主应将适当的、与 SDS 所针对和产品所供应的国家或区域有关的信息收列在此类小标题下。

c）根据 GHS 的要求编制 SDS 的编写见 GB/T 16483。

附录二 GB 6944—2005 危险货物分类和品名编号

1 范围

本标准规定了危险货物的分类和编号。

本标准适用于危险货物运输、储存、生产、经营、使用和处置。

2 规范性引用文件

下列文件中的条款通过本标准的引用而成为本标准的条款。凡是注日期的引用文件，其随后所有的修改单（不包括勘误的内容）或修订版均不适用于本标准，然而，鼓励根据本标准达成协议的各方研究是否可使用这些文件的最新版本。凡是不注日期的引用文件，其最新版本适用于本标准。

GB 11806 放射性物质安全运输规程

3 术语和定义

下列术语和定义适用于本标准。

3.1 危险货物 dangerous goods

具有爆炸、易燃、毒害、感染、腐蚀、放射性等危险特性，在运输、储存、生产、经营、使用和处置中，容易造成人身伤亡、财产损毁或环境污染而需要特别防护的物质和物品。

3.2 爆炸性物质 explosive substances

固体或液体物质(或这些物质的混合物)，自身能够通过化学反应产生气体，其温度、压力和速度高到能对周围造成破坏，包括不放出气体的烟火物质。

3.3 烟火物质 pyrotechnic substances

能产生热、光、声、气体或烟的效果或这些效果加在一起的一种物质或物质混合物，这些效果是由不起爆的自持放热化学反应产生的。

3.4 爆炸性物品 explosive articles

含有一种或几种爆炸性物质的物品。

3.5 整体爆炸 mass detonation or explosion of total contents

指瞬间能影响到几乎全部载荷的爆炸。

3.6　自反应物质 self-reactive substances

即使没有氧（空气）存在时，也容易发生激烈放热分解的热不稳定物质。

3.7　固态退敏爆炸品 solid desensitized explosives

用水或乙醇湿润或用其他物质稀释形成一种均匀的固体混合物，以抑制其爆炸性质的爆炸性物质。

3.8　液态退敏爆炸品 liquid desensitized explosives

溶解或悬浮在水中或其他液态物质中形成一种均匀的液体混合物，以抑制其爆炸性质的爆炸性物质。

3.9　发火物质 pyrophoric substances

指即使只有少量物品与空气接触，在不到 5min 内便能燃烧的物质，包括混合物和溶液（液体和固体）。

3.10　自热物质 self-heating substances

发火物质以外的与空气接触不需要能源供应便能自己发热的物质。

3.11　口服毒性半数致死量 LD_{50}　LD_{50}（median lethal dose）for acute oral toxicity

是经过统计学方法得出的一种物质的单一计量，可使青年白鼠口服后，在 14d 内死亡一半的物质剂量。

3.12　皮肤接触毒性半数致死量 LD_{50}　LD_{50} for acute dermal toxicity

是使白兔的裸露皮肤持续接触 24h，最可能引起这些试验动物在 14d 内死亡一半的物质剂量。

3.13　吸入毒性半数致死浓度 LC_{50}　LC_{50} for acute toxicity on inhalation

是使雌雄青年白鼠连续吸入 1h，最可能引起这些试验动物在 14d 内死亡一半的蒸气、烟雾或粉尘的浓度。

3.14　病原体 pathogens

指可造成人或动物感染疾病的微生物（包括细菌、病毒、立克次氏体、寄生虫、真菌）或其他媒介（微生物重组体包括杂交体或突变体）。

3.15　高温物质 elevated temperature substances

指在液态温度达到或超过 100℃，或固态温度达到或超过 240℃ 条件下运输的物质。

3.16　危害环境物质 environmentally hazardous substances

对环境或生态产生危害的物质，包括对水体等环境介质造成污染的物质以及这类物质的混合物。

3.17　经过基因修改的微生物或组织 genetically modified micro-organisms and organisms

指有目的地通过基因工程，以非自然发生的方式改变基因物质的微生物和组织，该微生物和组织不能满足感染性物质的定义，但可通过非正常天然繁殖结果的方式使动物、植物或微生物发生改变。

3.18　联合国编号 UN number

由联合国危险货物运输专家委员会编制的 4 位阿拉伯数编号，用以识别一种物质或一类特定物质。

4　分类

按危险货物具有的危险性或最主要的危险性分为 9 个类别。有些类别再分成项别。类别和项别的号码顺序并不是危险程度的顺序。

4.1　第 1 类 爆炸品

包括：

a）爆炸性物质；

b）爆炸性物品；

c）为产生爆炸或烟火实际效果而制造的上述 2 项中未提及的物质或物品。

第 1 类划分为 6 项。

4.1.1　第 1.1 项 有整体爆炸危险的物质和物品

4.1.2　第 1.2 项 有迸射危险，但无整体爆炸危险的物质和物品

4.1.3　第 1.3 项 有燃烧危险并有局部爆炸危险或局部迸射危险或这两种危险都有，但无整体爆炸危险的物质和物品

本项包括：

a）可产生大量辐射热的物质和物品；或

b）相继燃烧产生局部爆炸或迸射效应或两种效应兼而有之的物质和物品。

4.1.4　第 1.4 项 不呈现重大危险的物质和物品

本项包括运输中万一点燃或引发时仅出现小危险的物质和物品；其影响主要限于包件本身，并预计射出的碎片不大、射程也不远，外部火烧不会引起包件内全部内装物的瞬间爆炸。

4.1.5　第 1.5 项 有整体爆炸危险的非常不敏感物质

本项包括有整体爆炸危险性、但非常不敏感以致在正常运输条件下引发或由燃烧转为爆炸的可能性很小的物质。

4.1.6　第1.6项 无整体爆炸危险的极端不敏感物品

本项包括仅含有极端不敏感起爆物质、并且其意外引发爆炸或传播的概率可忽略不计的物品。

注：该项物品的危险仅限于单个物品的爆炸。

4.2　第2类 气体

本类气体指：

a）在50℃时，蒸气压力大于300kPa的物质；或

b）20℃时在101.3kPa标准压力下完全是气态的物质。

本类包括压缩气体、液化气体、溶解气体和冷冻液化气体、一种或多种气体与一种或多种其他类别物质的蒸气的混合物、充有气体的物品和烟雾剂。

第2类根据气体在运输中的主要危险性分为3项。

4.2.1　第2.1项 易燃气体

本项包括在20℃和101.3kPa条件下：

a）与空气的混合物按体积分类占13%或更少时可点燃的气体；或

b）不论易燃下限如何，与空气混合，燃烧范围的体积分数至少为12%的气体。

4.2.2　第2.2项 非易燃无毒气体

在20℃压力不低于280kPa条件下运输或以冷冻液体状态运输的气体，并且是：

a）窒息性气体——会稀释或取代通常在空气中的氧气的气体；或

b）氧化性气体——通过提供氧气比空气更能引起或促进其他材料燃烧的气体；或

c）不属于其他项别的气体。

4.2.3　第2.3项 毒性气体

本项包括：

a）已知对人类具有的毒性或腐蚀性强到对健康造成危害的气体；或

b）半数致死浓度LC_{50}值不大于$5000mL/m^3$，因而推定对人类具有毒性或腐蚀性的气体。

注：具有两个项别以上危险性的气体和气体混合物，其危险性先后顺序为2.3项优先于其他项，2.1项优先于2.2项。

4.3　第3类 易燃液体

本类包括：

a）易燃液体

在其闪点温度（其闭杯试验闪点不高于 60.5℃，或其开杯试验闪点不高于 65.6℃）时放出易燃蒸气的液体或液体混合物，或是在溶液或悬浮液中含有固体的液体；本项还包括：

在温度等于或高于其闪点的条件下提交运输的液体；或

以液态在高温条件下运输或提交运输、并在温度等于或低于最高运输温度下放出易燃蒸气的物质。

h）液态退敏爆炸品

4.4　第 4 类 易燃固体、易于自燃的物质、遇水放出易燃气体的物质

第 4 类分为 3 项。

4.4.1　第 4.1 项 易燃固体

本项包括：

a）容易燃烧或摩擦可能引燃或助燃的固体；

b）可能发生强烈放热反应的自反应物质；

c）不充分稀释可能发生爆炸的固态退敏爆炸品。

4.4.2　第 4.2 项 易于自燃的物质

本项包括：

a）发火物质；

b）自热物质。

4.4.3 第 4.3 项 遇水放出易燃气体的物质

与水相互作用易变成自燃物质或能放出危险数量的易燃气体的物质。

4.5　第 5 类 氧化性物质和有机过氧化物

第 5 类分为 2 项。

4.5.1　第 5.1 项 氧化性物质

本身不一定可燃，但通常因放出氧或起氧化反应可能引起或促使其他物质燃烧的物质。

4.5.2　第 5.2 项 有机过氧化物

分子组成中含有过氧基的有机物质，该物质为热不稳定物质，可能发生放热的自加速分解。该类物质还可能具有以下一种或数种性质：

a）可能发生爆炸性分解；

b）迅速燃烧；

c）对碰撞或摩擦敏感；

d）与其他物质起危险反应；

e）损害眼睛。

4.6　第 6 类 毒性物质和感染性物质

第 6 类分为 2 项。

4.6.1　第 6.1 项 毒性物质

经吞食、吸入或皮肤接触后可能造成死亡或严重受伤或健康损害的物质。

毒性物质的毒性分为急性口服毒性、皮肤接触毒性和吸入毒性。分别用口服毒性半数致死量 LD_{50}、皮肤接触毒性半数致死量 LD_{50}，吸入毒性半数致死浓度 LC_{50} 衡量。

经口摄取半数致死量：固体 $LD_{50} \leqslant 200mg/kg$，液体 $LD_{50} \leqslant 500mg/kg$；经皮肤接触 24h，半数致死量 $LD_{50} \leqslant 1000mg/kg$；粉尘、烟雾吸入半数致死浓度 $LC_{50} \leqslant 10mg/L$ 的固体或液体。

4.6.2　第 6.2 项 感染性物质

含有病原体的物质，包括生物制品、诊断样品、基因突变的微生物、生物体和其他媒介，如病毒蛋白等。

4.7　第 7 类 放射性物质

含有放射性核素且其放射性活度浓度和总活度都分别超过 GB 11806 规定的限值的物质。

4.8　第 8 类 腐蚀性物质

通过化学作用使生物组织接触时会造成严重损伤、或在渗漏时会严重损害甚至毁坏其他货物或运载工具的物质。

腐蚀性物质包含与完好皮肤组织接触不超过 4h，在 14d 的观察期中发现引起皮肤全厚度损毁，或在温度 55℃时，对 S235JR+CR 型或类似型号钢或无覆盖层铝的表面均匀年腐蚀率超过 6.25mm/a 的物质。

4.9　第 9 类 杂项危险物质和物品

具有其他类别未包括的危险的物质和物品，如：

a）危害环境物质；

b）高温物质；

c）经过基因修改的微生物或组织。

5　品名编号

危险货物品名编号采用联合国编号。

每一危险货物对应一个编号，但对其性质基本相同，运输、储存条件和灭火、急救、处置方法相同的危险货物，也可使用同一编号。

参考文献

[1] 何晋浙. 高校实验室安全管理与技术 [M]. 北京：中国计量出版社，2009.

[2] 和彦苓. 实验室安全与管理 [M]. 北京：人民卫生出版社，2014.

[3] 彭莺. 实验室管理与安全 [M]. 贵阳：贵州人民出版社，2006.

[4] 林锦明. 化学实验室工作手册 [M]. 上海：第二军医大学出版社，2016.

[5] 刘友平. 实验室管理与安全 [M]. 北京：中国医药科技出版社，2014.

[6] 许景期，许书烟. 高校实验室管理与安全 [M]. 厦门：厦门大学出版社，2016.

[7] 戴盛明. 医学实验室质量与安全管理实践 [M]. 北京：中国医药科技出版社，2017.

[8] 高玉潮. 卫生检疫实验室生物安全管理 [M]. 北京：军事医学科学出版社，2013.

[9] 李勇. 实验室生物安全管理体系的构建与实施 [M]. 北京：军事医学科学出版社，2009.

[10] 董锦绣. 高校实验室安全与管理研究 [M]. 沈阳：辽宁大学出版社. 2020.

[11] 王娟. 高校实验室安全与管理 [M]. 长春：吉林出版集团股份有限公司. 2017.

[12] 邹晓川，王跃，任彦荣. 实验室安全管理与规范简明教程 [M]. 武汉：华中科技大学出版社. 2018.

[13] 冯寿淳. 高校化学实验室安全管理与技术 [M]. 长春：吉林大学出版社. 2019.

[14] 严珺，杨慧，赵强. 中外高校实验室安全管理现状分析与管理对策 [J]. 实验技术与管理，2019,36（09）:240-243.

[15] 王后苗. 高校实验室安全现状分析及管理探析 [J]. 科教文汇（下旬刊）,2019（10）:26-27.

[16] 徐根娣，刘丹，吴旭峰. 浅谈高校生物学实验室的安全管理 [J]. 实验室科学,2015,18（01）:202-205.

[17] 戴芳,何江,赵治华.实验室安全管理体系建立的思考[J].实验室研究与探索,2012,31（04）:199-202,222.

[18] 张志强,李恩敬.高等学校实验室安全教育探讨[J].实验技术与管理,2011,28（01）:186-188,191.

[19] 张明,穆建平,范卓华.高校实验室安全管理探索与实践[J].实验技术与管理,2012,29（10）:5-7.

[20] 张卫明.物联网视域下高校实验室安全智能化管理研究[J].微型电脑应用,2018,34（08）:54-56,77.

[21] 杨琦.高校实验室安全关键问题探析[J].实验技术与管理,2019,36（09）:226-228,232.

[22] 袁广林,李富民,舒前进,李庆涛.综合实验室管理系统的构建与实践[J].实验技术与管理,2018,35（06）:235-237,270.

[23] 孙杰,彭园珍,林燕语,等.实验室安全管理体系的建设与实践[J].实验技术与管理,2018,35（07）:251-254,258.

[24] 齐照萍.化学实验室管理中的安全问题研究[J].实验教学与仪器,2018,35（09）:72-73.

[25] 彭华松,谢亚萍,刘闯,等.基于安全文化建设的实验室安全管理探索[J].实验室研究与探索,2018,37（09）:335-338,342.

[26] 刘建福.高校化学实验室安全管理存在的问题及其对策[J].广东化工,2019,46（13）:225-226,220.

[27] 周健,朱育红,蓝闽波.高校实验室安全管理特点及发展趋势浅析[J].实验室研究与探索,2015,34（07）:281-284.

[28] 杨英歌,胡颖,李津,等.高校实验室安全管理的信息化建设初探[J].教育现代化,2019,6（95）:226-227.

[29] 樊红霞,顾聪,钱维兰,等.浅谈高校化学实验室的节能减排[J].广东化工,2014,41（16）:140,121.

[30] 周颖越,俞骏,周喻,等.高校实验室安全程序化管理及补短板[J].教育现代化,2016,3（36）:198-199,224.

[31] 周立亚,龚福忠,王凡.创建绿色化学实验室的探讨[J].实验技术与管理,2010,27（6）:175.

[32] 毛炯 . 高校计算机实验室网络安全问题及解决措施 [J]. 科技创新导报 ,2018,15（02）:161–162.

[33] 邱彩虹 . 对高校实验室安全管理责任制中的"责任"理解 [J]. 科教文汇（上旬刊）,2015（11）:124–125+128.

[34] 吕长平 , 周凤莺 , 何喜 . 高校实验室安全管理体系的现状与对策 [J]. 实验技术与管理 ,2017,34（02）:242–244.

[35] 孟兆磊 , 林林 , 牛犁 , 等 . 高校实验室安全管理长效机制的探索 [J]. 实验技术与管理 ,2015,32（04）:231–233+263.

[36] 代金玲 , 张胜利 . 浅谈高校实验室的安全管理 [J]. 高校实验室工作研究 ,2017（03）:81–83.

[37] 齐照萍 . 化学实验室管理中的安全问题研究 [J]. 实验教学与仪器 ,2018,35（09）:72–73.

[38] 亓文涛 , 靖杨萍 , 孙淑强 , 等 . 高校实验室安全信息化管理体系的构建 [J]. 实验室研究与探索 ,2015,34（02）:294–296.

[39] 潘越 , 吴林根 . 生物类实验室安全管理探索 [J]. 实验室科学 ,2016,19（03）:218–220.

[40] 潘太军 , 陈婧 , 杨燕 , 等 . 高校实验室安全管理问题分析与发展对策 [J]. 高校实验室工作研究 ,2016（02）:62–64.

[41] 王杰 . 高校实验室安全管理体系探索 [J]. 实验室研究与探索 ,2016,35（08）:148–151+170.

[42] 严薇 , 唐金晶 , 廖琪 , 等 . 构建可持续发展的高校实验室安全管理体系 [J]. 实验技术与管理 ,2016,33（09）:5–7.

[43] 邵凯隽 , 孟军 , 王世泽 , 等 . 高校实验室安全管理常效保障体系的构建 [J]. 实验室研究与探索 ,2016,35（10）:299–303.

[44] 温光浩 , 周勤 , 程蕾 . 强化实验室安全管理 , 提升实验室管理水平 [J]. 实验技术与管理 ,2009,26（04）:153–157.

[45] 艾德生 , 黄开胜 , 马文川 , 等 . 实验室安全管理模式的研究与实践 [J]. 实验技术与管理 ,2018,35（01）:8–12.